学烘焙 从零开始

樊小凡 主编
蛋糕技师，甜品设计师

新疆人民出版总社
新疆人民卫生出版社

preface 前言

面包、蛋糕、饼干……无论是作正餐还是作点心，
烘焙食品都越来越受人们的欢迎。
在西方国家，烘焙对于人们来说意义重大，
各种节日、派对、野餐、聚会，都少不了自制的小蛋糕或曲奇，
为欢乐的氛围再添一丝香醇甜蜜。
而在中国，烘焙的魅力也越来越为现代人了解。
坐在富有情调的咖啡厅里，
享用一杯香浓的咖啡，再配上一块芝士蛋糕、葡式蛋挞，
是不少上班族最放松的状态。
而自己在家动手做烘焙，
看着酥脆的饼干、松软的面包、
爽口的布丁逐一从自己的手里诞生，
这种乐趣更是无与伦比。
本书将教你如何从零开始学烘焙，
让你逐步掌握烘焙的技巧，
烹饪出自己独一无二的风味，
探索烘焙的文化和魅力，享受制作、品味以及分享的快乐。
在烘焙的过程中，调制的不只是美味的点心，
而是健康、精致而又优雅的生活。

Contents 目录

Chapter 1 烘焙入门

Chapter 2 饼干

Chapter 3 蛋糕

Chapter 4
面包

Chapter 5
小西点

Part 1
烘焙入门

在家做烘焙，是一种乐趣。
酥脆的饼干、软绵的蛋糕、松软可口的面包，
香甜的小西点都让人陶醉在其中。
可是，烘焙不像中餐那样随性，总有一些出乎意料的问题：
“新手入门需要买什么工具呢？”
“什么是奶油打发？”
……

本章节详细地介绍了关于烘焙所要用到的工具、原料，
以及常见的关于烘焙的基础技能
和给烘焙初学者的十个小建议。

烘焙常用工具

工具是烘焙制作的基础，想要制作出美味的食物就必须要提前准备好各种所需工具，然后有效地利用这些常见工具做出各式各样的烘焙点心。以下便是烘焙制作时所需用到的工具及其性能和作用。

烤箱

烤箱在家庭中使用时一般都是用来烤制一些饼干、点心和面包等食物。它是一种密封的电器，同时也具备烘干的作用。

电子称

准确控制材料的量是烘焙成功的第一步，电子秤是非常重要的工具。它适合在西点制作中用来称量需要正确分量的材料。

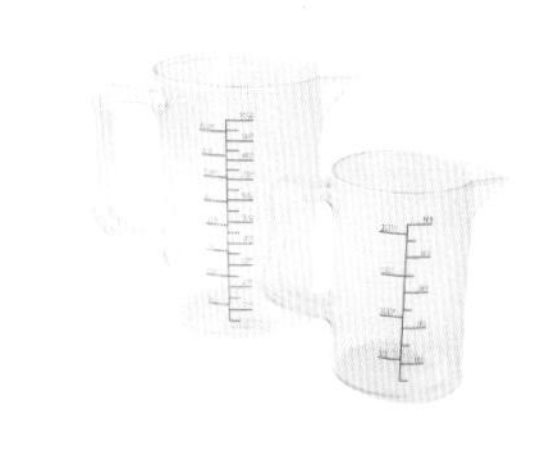

量杯

一般杯壁上都有容量标示，可以用来量取材料，如水、奶油等。但要注意读数时的刻度，量取时还要恰当地选择适合的量程。

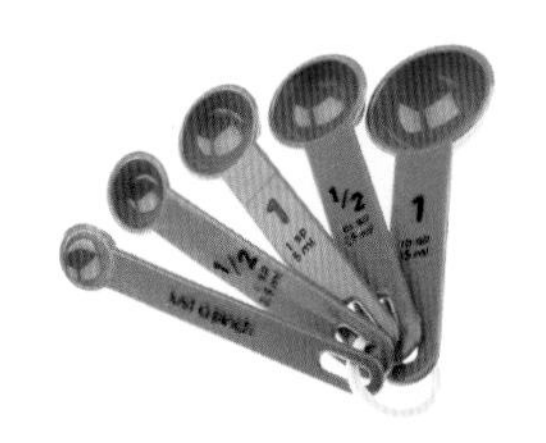

量勺

量勺通常是塑料或者不锈钢材质的，是圆形或椭圆状、带有小柄的一种浅勺，主要用来盛液体或细碎的物体。

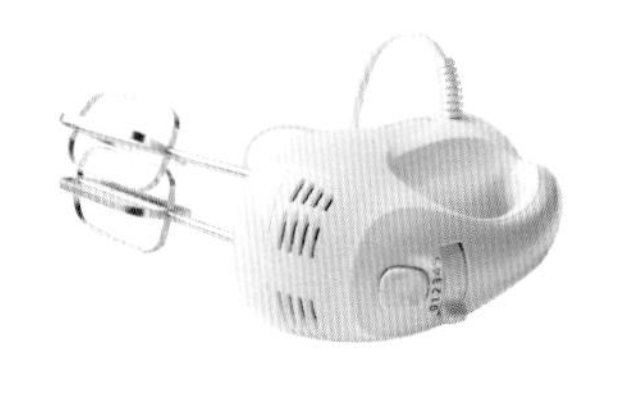

电动搅拌器

电动搅拌器包含一个电机身，配有打蛋头和搅面棒两种搅拌头。电动搅拌器可以使搅拌工作更加快速，材料搅拌得更加均匀。

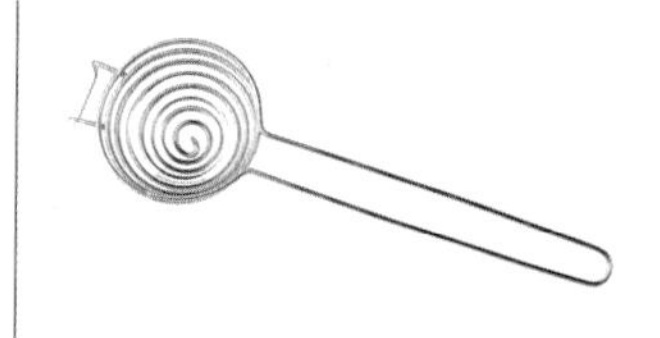

蛋清分离器

一个专门用来分离蛋清和蛋黄的器具，是为了方便烘焙时使用。

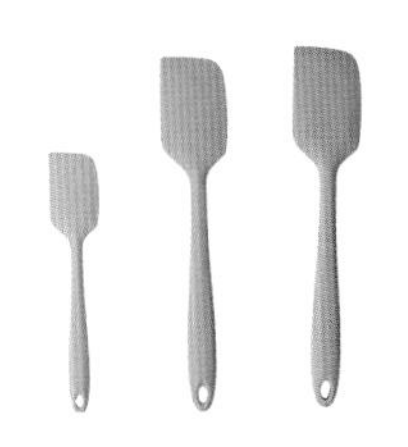

长柄刮刀

长柄刮刀是一种软质、如刀状的工具，是西点制作中不可缺少的利器。它的作用是将各种材料拌匀，同时它可以将紧紧贴在碗壁的蛋糕糊刮得干干净净。

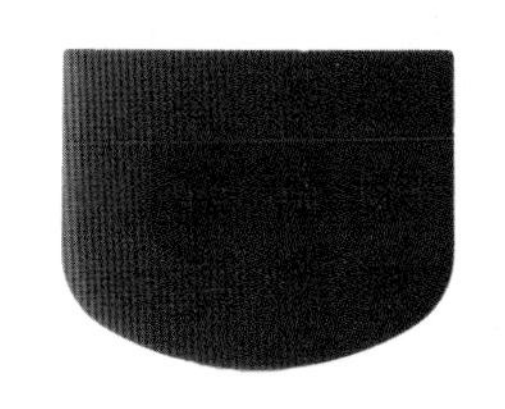

刮板

刮板通常为塑料材质，用于揉面时铲面板上的面、压拌材料，也可以把整好形的小面团移到烤盘上去，还可以用于鲜奶油的装饰整形。

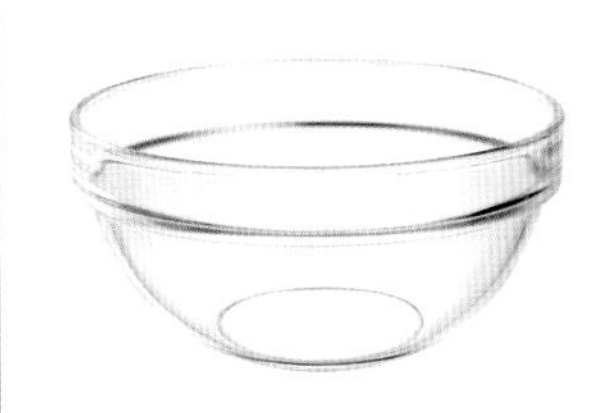

玻璃碗

是指玻璃材质的碗，主要用来打发鸡蛋或搅拌面粉、糖、油和水等。制作西点时，至少要准备两个以上玻璃碗。

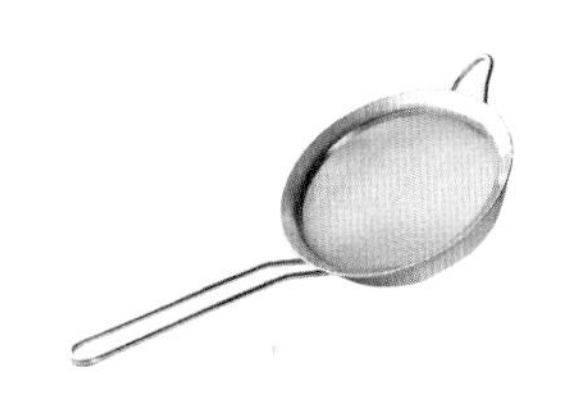

筛子

筛子一般都是不锈钢制成，用来过滤面粉的烘焙工具。它的底部都是漏网状的，可以用于过滤面粉中含有的其他杂质。

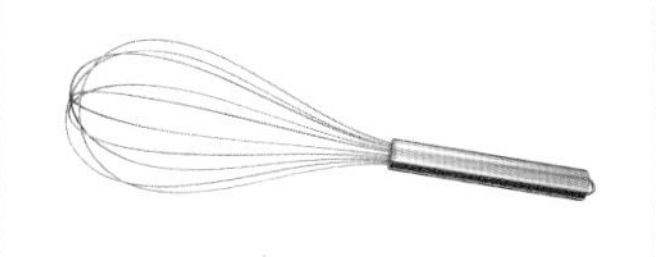

手动搅拌器

手动搅拌器是制作西点时必不可少的烘焙工具之一，可以用于打发蛋白、黄油等，但使用时费时费力，适合用于材料混合搅拌等不费力气的步骤中。

擀面杖

中国古老的一种用来压制面条、面皮的工具，多为木制。一般长而大的擀面杖用来擀面条，短而小的擀面杖用来擀饺子皮，而在烘焙中协助用作点心的制作。

裱花袋、裱花嘴

裱花袋是呈三角形状的塑料袋，裱花嘴用于定型奶油形状的圆锥形工具。一般是裱花嘴与裱花袋配套使用，把奶油挤出花纹定型在蛋糕上。

油刷

油刷长约 20 厘米，一般以硅胶为材质，质地柔软有弹性，且不易掉毛。用于烘焙时模具表面均匀抹油，也能在面包上涂抹酱料。

奶油抹刀

奶油抹刀一般用于蛋糕裱花的时候抹平奶油，或者在食物脱模的时候用来分离食物和模具，以及其他各种需要刮平和抹平的地方都可以使用。

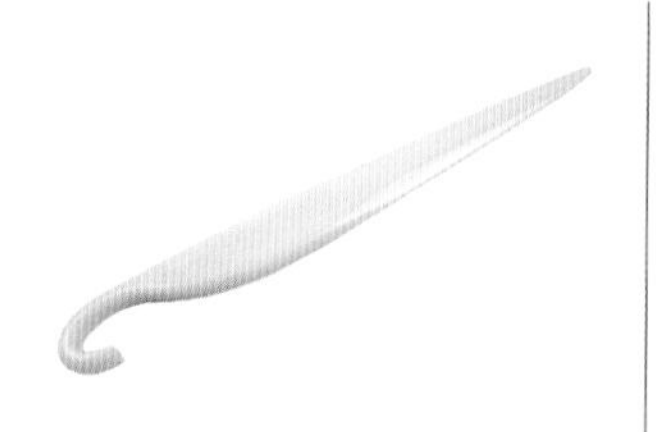

蛋糕脱模刀

蛋糕脱模刀长 20 ~ 30 厘米，一般是塑料或者不锈钢的。用蛋糕脱模刀紧贴蛋糕模壁轻轻地划一圈，倒扣蛋糕模即可分离蛋糕与蛋糕模。

保鲜膜

保鲜膜是人们用来保鲜食物的一种塑料包装制品，在烘焙中常常用于蛋糕放在冰箱保鲜，阻隔面团与空气接触等步骤。

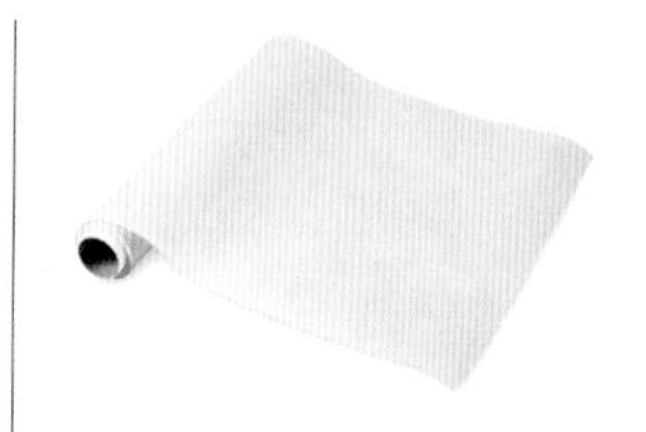

烘焙纸

烘焙纸用于烤箱内烘烤食物时垫在底部，防止食物粘在模具上面导致清洗困难。还可以保证食品的干净卫生。

锡纸

锡纸多为银白色，实际上是铝箔纸。当食品需要烘烤时用锡纸包裹可防止烧焦，还能防止水分流失，保留鲜味。

不沾油布

不沾油布的表面光滑，不易粘附物质，并且耐高温，可反复使用。烘焙饼干、面包时垫于烤盘面上，防止沾底。

吐司模

吐司模，顾名思义，主要用于制作吐司。为了方便，可以在选购时购买金色不粘的吐司模，不需要涂油防粘。

活动蛋糕模

圆形活动蛋糕模，主要在制作戚风、海绵蛋糕时使用。使用这种活底蛋糕模比较方便脱模。规模大致上有 20 厘米、27 厘米的。

饼干模

在擀好饼干面团后，用造型模具盖出模样再进行烘焙，既可爱又漂亮。

布丁模

布丁模一般是由陶瓷、玻璃制成的杯状模具，形状各异，可以用来做布丁等多种小点心，小巧耐看，耐高温。可用白醋和清水清洗。

塔模、派盘

制作塔类、派点心的必要工具。塔模、派盘的规格很多，有不同大小、深浅、花边，可以根据需要购买。

蛋糕纸杯

用来制作麦芬蛋糕，也可以制作其他的纸杯蛋糕。有很多种大小和花色可供选择，可以根据自己的爱好购买。

齿形面包刀

齿形面包刀形状如普通的厨房小刀，但刀面带有齿锯，一般用来切面包，也可以用来切蛋糕。

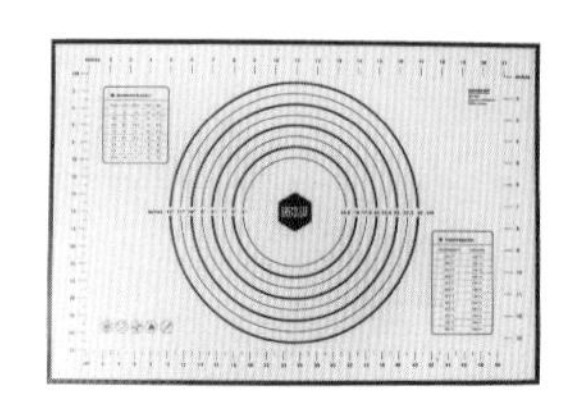

硅胶垫

硅胶垫具有防滑功能，揉面时将它放在台面上便不会随便乱动，而且上面还有刻度，一举两得，清洗也非常方便。

电子计时器

是一种用来计算时间的仪器。种类非常多，一般厨房计时器都是用来观察烘焙时间的，以免时间不够或者超时等。

烤箱温度计

测试烤箱温度或食物温度时使用。烤箱温度计的使用方法是，在预热的时候将温度计放入烤箱中，稳定在所需温度时即可放入食物烘烤。

烘焙基本材料

烘焙是个奇妙的世界，里面有着无限的可能。善用食物能让它们发挥独特的魅力，撞击出它们奇妙的化学反应。

高筋面粉

高筋面粉的蛋白质含量在12.5%～13.5%，色泽偏黄，颗粒较粗，不容易结块，比较容易产生筋性，适合用来做面包。

低筋面粉

低筋面粉的蛋白质含量在8.5%左右，色泽偏白，颗粒较细，容易结块，适合制作蛋糕、饼干等。

玉米淀粉

俗名六谷粉，白色微带淡黄色的粉末。在烘焙中起到使蛋糕加热后糊化的作用，使之变稠。

苏打粉

苏打粉俗称小苏打，又称食物粉，在做面食、馒头、烘焙食物时经常会用到。

泡打粉

泡打粉作为膨松剂，一般都是由碱性材料配合其他酸性材料制成，可用来产生气泡，使成品有膨松的口感，常用来制作西式点心。

塔塔粉

塔塔粉是一种酸性的白色粉末，用来中和蛋白的碱性，帮助蛋白泡沫的稳定性，并使材料颜色变白，常用于制作戚风蛋糕。

奶粉

在制作西点时，使用的奶粉通常都是无脂无糖奶粉。在制作蛋糕、面包、饼干时加入一些可以增加风味。

酵母

酵母是一种活的真菌类，能够把糖发酵成酒精和二氧化碳，属于一种比较天然的发酵剂，能够使做出来的烘焙成品口感松软，味道纯正。

无糖可可粉

无糖可可粉中含可可脂，不含糖，带有苦味。容易结块，使用之前最好先过筛。

绿茶粉

绿茶粉是指在最大限度地保持茶叶原有营养成分的前提下，用绿茶茶叶粉碎成的绿茶茶末，可以用来制作蛋糕、绿茶饼等。

芝士粉

芝士粉为黄色粉末状，带有浓烈的奶香味，大多用来制作面包以及饼干等，有增加风味的作用。

香草粉

香草粉是表面性状为白色细粒结晶的粉末香料，含有香草的气味，是食品工业生产中常用的香料，能改善食品的口感，增加食品本身的独特香气。

糖粉

糖粉的外形一般都是洁白的粉末状，颗粒极其细小，含有微量玉米粉，直接过滤以后的糖粉可以用来制作西式的点心和蛋糕。

红糖

红糖又称为黑糖，有浓郁的焦香味。因为红糖容易结块，所以使用前要先过筛或者用水融化。

细砂糖

细砂糖是经过提取和加工以后结晶颗粒较小的糖，可以用来增加食物的甜味，还有助于保持材料的湿度、香气。

黄油

黄油又叫乳脂、白脱油，是将牛奶中的稀奶油和脱脂乳分离后，使稀奶油成熟并经搅拌而成的。黄油一般应该置于冰箱存放。

片状酥油

片状酥油是一种浓缩的淡味奶酪，由水乳制成，色泽微黄，在制作时要先刨成丝，经高温烘烤就会化开。

牛奶

营养学家认为，在人类食物中，牛奶是最接近完善的食品。用牛奶来代替水和面，可以使面团更加松软、更具香味。

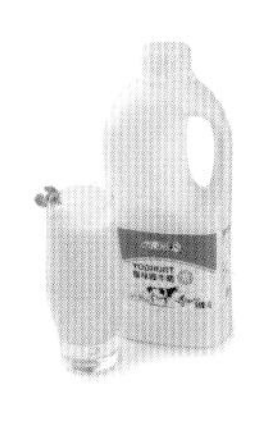

酸奶

酸奶是以新鲜的牛奶作为原料，经过有益菌发酵而成，是一种很好的天然的面包添加剂。

淡奶油

淡奶油又叫动物淡奶油，是由牛奶提炼出来的，白色如牛奶状，但是比牛奶更为浓稠。在打发前需要放在冰箱冷藏 8 小时以上。

鲜奶油

植物鲜奶油也叫做人造鲜奶油，大多数含有糖分，白色如牛奶状，同样比牛奶浓稠。通常用于打发后装饰糕点或制作慕斯。

植物油

制作西点时用的植物油一定要是无色无味的，最好是用玉米油。不要使用花生油这类有浓郁味道的油。

吉利丁片

又称动物胶、明胶，呈透明片状，食用时需先以 5 倍的冷水泡开，可溶于 40℃的温水中。一般用于制作果冻及慕斯蛋糕。

琼脂

琼脂是植物胶的一种，具有凝固性、稳定性，能与一些物质形成络合物等物理化学性质。广泛用于果冻、冰淇淋、糕点、软糖、羹类食品的制作。

蜂蜜

蜂蜜即蜜蜂酿成的蜜，主要成分有葡萄糖、果糖、氨基酸，还有各种维生素和矿物质，是一种天然健康的食品。

枫糖浆

枫糖浆香甜如蜜，风味独特，富含矿物质，而且它的甜度没有蜂蜜高，糖分含量约为66%，是搭配面包、蛋糕成品的最佳食品。

鸡蛋

鸡蛋的营养丰富，在制作面包、蛋糕的过程中常用到。鸡蛋最好放在冰箱内保存，把鸡蛋的大头朝上、小头朝下放。

红豆

深红色，颗粒状。一般用红豆制作红豆粥、红豆糖水者较多。红豆有润肤养颜的作用，所以尤为受到女性朋友的喜爱。

葡萄干

葡萄干是由葡萄晒干加工而成的，味道鲜甜，不仅可以直接食用，还可以被放在糕点中加工成食品，供人品尝。

蔓越莓干

蔓越莓干又叫做蔓越橘、小红莓，经常用于面包、糕点的制作，可以增添烘焙甜品的口感。

即食燕麦片

可以直接用沸水冲泡食用的燕麦片，添加在面包里，可以增添其口感和营养，一般的超市均有售。

核桃仁

核桃仁又叫做胡桃仁，口感略甜，带有浓郁的香气，是点心的最佳伴侣。烘烤前先用低温烤 5 分钟溢出香气，再加入面团中会更加美味。

杏仁片

是由整颗的杏仁切片而成，适合添加在面包、糕点中，也可作为面包和蛋糕的表面装饰。

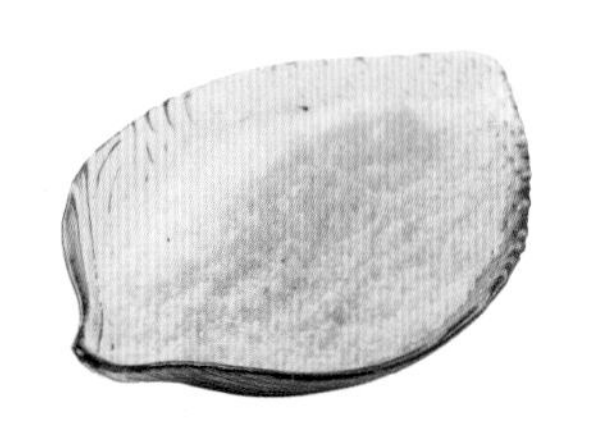

椰蓉

椰蓉是由椰子的果实制作而成，可以作为面包的夹心馅料，有独特的风味。

黑巧克力

黑巧克力是由可可液块、可可脂、糖和香精制成，主要原料是可可豆。黑巧克力常用于制作蛋糕。

白巧克力

白巧克力是由可可脂、糖、牛奶以及香料制成，是一种不含有可可粉的巧克力，但含乳制品和糖分较多，因此甜度更高。

烘焙基础技能

烘焙的世界美好而绚丽，想要做出醇香味道，打好基础很重要。先从最基本的分离蛋清蛋白、面粉过筛学习一下，到后面就不会手忙脚乱了。

鸡蛋分离

在烘焙中，我们经常发现配方材料中常常有“蛋白”和“蛋黄”这样单独的材料。单用蛋白是因为它的凝具力强，而蛋黄凝具力差，而且含有的胆固醇高，一般较少使用。要注意的是，蛋白中不能混入一丝蛋黄，而蛋黄中可以带些许蛋白。另外，盛蛋白、蛋黄的碗中不能有任何油分和水分，否则将会打发不起。

如何分离鸡蛋

●蛋清分离器

在市面上有售，利用此器将蛋黄和蛋白分离，但缺点是蛋黄容易与蛋清一同流进碗里。

●原始方法

将生鸡蛋中间在碗沿上一磕，一分为二；然后，把鸡蛋黄从一半蛋壳倒到另一半的蛋壳，蛋清因为有粘连性，会自动下挂漏下去。如此几次，最后鸡蛋壳中只剩下蛋黄了。

●原瓶吸法

准备一个干净的空塑料瓶，然后捏紧瓶身（稍微倾斜）对准蛋黄后松开，蛋黄就轻易地进入到了瓶子里面。

蛋白打发

尽量选用新鲜的鸡蛋来打发。鸡蛋越不新鲜，蛋白的碱性越重，也越难打发。为了中和蛋白的碱性，会加入少许塔塔粉，可使蛋白容易打发，并且更加稳定、不易消泡。倘若没有塔塔粉的话，也可使用白醋或柠檬汁代替。且蛋白在20℃左右的时候最容易打发。注意搅打蛋白的速度要从低速渐渐到中高速，如果一开始就高速搅打，那么蛋白霜体积不够大，且因为泡沫过大而不稳定。

蛋白打发时往往需要加入一定比例的砂糖，一是要添加甜味，二是加了糖打发的蛋白霜比较细腻且泡沫持久稳定。加入砂糖要注意时机，过早加入会阻碍蛋白打发，过迟加入则导致蛋白泡沫的稳定性差、不易打发，还会因此导致蛋白搅打过头。如果配方中砂糖分量等于或少于1/4杯，那最好在开始搅打蛋白时就加入。另外，砂糖要沿着碗壁渐渐加入，不要一股脑往蛋白中央一倒，否则可能会使蛋白霜消泡。

搅打过程中要注意蛋白的变化：粗泡时蛋白液浑浊，细泡的蛋白渐渐凝固起来，开始有光泽，呈柔软绸缎状，提起搅拌器，有2～3厘米尖峰弯下。软性泡沫的蛋白很有光泽而且顺滑，提起搅拌器，蛋白尖峰还有些弯度。硬性泡沫的蛋白还有光泽，蛋白峰呈现坚挺状。到硬性泡沫阶段要格外注意，因为只要十来秒，蛋白就会因为搅打过头而无光泽了，而且还会变成棉花状和结球状蛋白。出现这种情况时可以试着添加一个蛋白进去打成硬性泡沫，但也未必可以补救。

全蛋打发

和蛋白的打发相比，全蛋打发要困难得多，家用的电动搅拌器普遍功率都不够高，所以打发的耗时也长，需要具有耐心。

将鸡蛋从冰箱拿出来回温，然后打入蛋盆。取一个大一点的盆，在里面注入40℃的热水，把蛋盆放进热水里隔水加热，并用电动搅拌器将鸡蛋打发。全蛋在40℃的时候最容易打发，将蛋盆坐在热水里会使蛋液的温度升高，有利于全蛋的打发。但是热水的温度不宜过高，如果温度太高反而不利于鸡蛋的打发。

随着不断搅打，鸡蛋液会渐渐产生稠密的泡沫，变得越来越浓稠。将鸡蛋打发至提起搅拌器，滴落下来的蛋糊不会马上消失，在盆里的蛋糊表面画出清晰的纹路时，就是打发好了。

面粉过筛

将细网筛子下面垫一张较厚的纸或直接筛在案板上，将面粉放入筛连续筛两次，这样可让面粉蓬松，做出来的蛋糕品质也会比较好。加入其他干粉类材料再筛一次，使所有材料都能充分混合在一起。如果是有添加泡打粉之类的添加剂则更需要与面粉一起过筛。

例如，蛋糕需要很蓬松的面粉，过筛以后，面粉中的小疙瘩被打开，没有形成小疙瘩的面粉也被再次打开激活，变得更加蓬松，这样当和蛋白、蛋黄混合以后可以更加蓬松，做出来的产品更加细腻、松软。

溶解吉利丁片

吉利丁片在使用前，必须泡在冷水中软化。溶解的吉利丁冷却后才能与其他混合物混合，不然就会变成一条一条的。溶解的比例是 1 茶匙的吉利丁配 1 大匙水。 把水倒入耐热碗里，撒下吉利丁片，将它软化 5 分钟。把碗放到锅里隔水加热，直到吉利丁片清澈透明且溶解为止，等到冷却后再使用。

需要注意的是，先把水准备好，再加进吉利丁片，否则会出现结块，以致无法有效溶解。另外加热要适度，否则会失去结冻的效果。

奶油打发

在烘焙中，最常见的便是奶油的打发。鲜奶油的品种有很多，例如是专供烹饪用的，当然也有专供打发用的。

鲜奶油要在冷藏的状态下才可以打发，所以在打发鲜奶油之前，需将它冷藏 12 小时以上。注意，鲜奶油切忌冷冻保存，否则会出现水油分离的现象。打发鲜奶油时，在鲜奶油中加入糖，使用电动搅拌器中速打发即可，若是用来制作裱花蛋糕，将鲜奶油打发至体积蓬松，可以保持花纹状态时，就能使用了。

黄油打发

黄油只有在软化的状态才能打发。在不断搅打软化的黄油时，你会发现，黄油变得越来越蓬松，体积渐渐越变越大，状态也变得轻盈，这就是打发的黄油。一般黄油都储存在冷藏室中，它的状态比较坚硬，打发前需要在室温放置一段时间，使其自然软化。要注意的是：千万不要将黄油融化成液体，液体状态下的黄油是无法打发的。

黄油打发的流程

称量所需要的黄油，让它软化至手指能轻易戳一个窟窿的程度，加入糖、糖粉或是需要加入的粉状物质，然后用电动搅拌器低速搅打，直至黄油与材料完全混合。

将电动搅拌器的速度调至高速，继续搅打，这时黄油的状态会渐渐变得蓬松、轻盈，体积微微变大，颜色也变浅了。

黄油打发后，有些配方会要求加入鸡蛋，在黄油中加入鸡蛋也是很重要的一步。在鸡蛋的分量较多时，必须分次加入，每加入一次鸡蛋都要将黄油彻底搅打均匀，直到它们完全融合才可以再次加入。一般情况下，鸡蛋需分三次加入。当鸡蛋的分量少于黄油的 1/3 时，可以一次性将鸡蛋加入黄油里。

搅拌与翻拌的区别

翻拌是用长柄刮刀从盆底捞起蛋糕糊，然后用炒菜的手势划拌。千万不要打圈，这样拌匀的蛋糕糊基本不会消泡，越是小心地不敢去拌，越会延长拌匀时间，反而容易消泡。搅拌一般就是把材料拌匀，这时的手法就需要顺时针打圈搅拌。

挑选家用烤箱

从实用的角度，选择一台基本功能齐全的家用型烤箱就完全可以满足需求。那么，烤箱需要哪些基本功能呢？有上下两组加热管，并且上下加热管可同时加热，也可以单开上火或者下火加热；能调节温度，具有定时功能；烤箱内部至少分为两层（三层或以上更佳）。

另外还需要注意一点，如果你对烤箱的使用不仅仅停留在烤吐司片、烤鸡翅烤的层面，而是希望能烤出各种丰富多彩的西点，就一定要购买一台容积在 24 升以上的烤箱，最少也要 20 升。

不建议买光波烤箱，它无法自由调节温度，容积也不够大。但是光波烤箱的特点是预热快、热效率高，如果你有一定的经验，也能用得很好，如果是新手就比较麻烦了。

给初学烘焙者的建议

如果你是一位烘焙初学者,或者过去有很多糟糕的烘焙经验,但那都只是一个开始而已。以下给出的 10 个小建议可以在开炉前帮到你。

01　完整阅读配方

在开始烘焙之前慢慢地、仔细地阅读整个配方，包括制作的方式、配料、工具和步骤，可以读 2~3 遍，确保每一点都很清晰。因为烘焙的所有步骤都是需要操作精确的，所以在开始前熟悉配方相当重要。

02　准备所需配料和工具

看完配方就要准备收集配料和工具，接着再检查一次，确保所有材料都准备充足。如果制作中途才发现漏了很重要的配料或者工具，肯定会影响成品。

03　让配料变回室温状态

配方上经常要求黄油和鸡蛋是室温状态的，所以在拿到原料后应放置几小时，让其解冻至室温状态。也可以将黄油磨碎，从而使黄油变回室温状态。

04　准备适合的烤盘和烘焙纸

如果配方要求烤盘铺上烘焙纸的话，那么就必须按步骤来做。铺上烘焙纸的烤盘可以防止饼干或者蛋糕烤焦、粘锅或者裂开，而且清洁工作会简单得多。

05　提前预热烤箱

大部分配方在最开始就会提醒你预热烤箱，所以在开展奇妙的烘焙之旅前，养成预热烤箱的习惯是十分必要的。

06 使用量杯

烘焙的过程中都应使用最精确的量具。除非配方中只要求使用一种量杯，否则液体（如牛奶或者水）应该使用液体量杯，而干性原料（如糖、面粉、坚果和巧克力块）应该使用嵌套干燥量杯。

07 干性原料过筛

虽然这一个步骤比较麻烦，但干性原料过筛可以改善烘焙食品的整体质感，而且能去掉一些块状物。操作时只需将原料过筛到一个大的搅拌盆中，或者过筛到蜡纸上都可以。

08 用单独的碗打鸡蛋

如果直接将鸡蛋打在装着面糊的搅拌盘中的话，很容易让鸡蛋污染到面糊。因此，用单独的碗打鸡蛋比较合适，同时方便检查有没有粘着鸡蛋壳，以及确保蛋黄没有破裂。

09 设置时间

将烤盘放入烤箱中烘焙后，必须马上设置时间。如果只是凭自己的感觉来操作，很容易忘记时间，而且也不精准。所以，最好准备一个电子计时器。

10 依照配方次序混合原料

有些新手会将全部原料一次性倒在搅拌盆中混合搅拌，这是不恰当的。我们应该阅读配方，然后慢慢地、认真地按步骤加入原料混合搅拌。

酱料的制作

巧克力酱

配方：巧克力 120 克，奶油 55 克，砂糖 30 克，白兰地 20 毫升，牛奶 100 毫升

做法

1 奶锅置火上，倒入奶油、白兰地。

2 加入白砂糖，稍稍搅拌。

3 倒入牛奶搅拌，用小火煮至材料溶化。

4 放入巧克力，拌匀至完全溶化即可。

柠檬酱

配方：柠檬丝 30 克，柠檬汁 30 毫升，白砂糖 150 克，奶油 60 克，鸡蛋 2 个

做法

1 奶锅置火上，倒入 30 克柠檬丝。

2 放入白砂糖，稍稍拌匀，再倒入柠檬汁。

3 小火拌匀至糖溶化，倒入鸡蛋并不停搅拌。

4 加入奶油，搅拌均匀，即可。

草莓酱

配方：冰糖 5 克，草莓 260 克

做法

1 洗净的草莓去蒂，切小块，待用。

2 锅中注入约 80 毫升清水，倒入切好的草莓。

3 放入冰糖，搅拌约 2 分钟至冒出小泡。

4 调小火，继续搅拌约 20 分钟至黏稠状，关火后即可。

黄金酱

配方：蛋黄 60 克，细砂糖 50 克，色拉油 200 毫升，电动搅拌器 1 个

做法

1 取一个容器，倒入备好的蛋黄、细砂糖。

2 用电动搅拌器中速持续打发使食材混合均匀。

3 慢慢地倒入食用油，一边倒入一边持续打发。

4 打发片刻后，至材料完全呈黏稠有纹理状即可。

甜橙酱

配方：橙子果肉块 150 克，鲜橙皮丝 30 克，白糖 100 克

做法

1 锅中注水烧开，放入橙皮，煮至沸，去除苦涩味，捞出。

2 锅中注水烧开，放入煮过的橙皮丝，倒入橙肉，煮至沸。

3 放入白糖，搅拌均匀，用小火煮至溶化至浓稠。

4 关火后，将煮好的酱装入碗中即可。

雪梨芒果酱

配方：雪梨 120 克，芒果 65 克，柠檬汁 40 毫升，白糖 4 克

做法

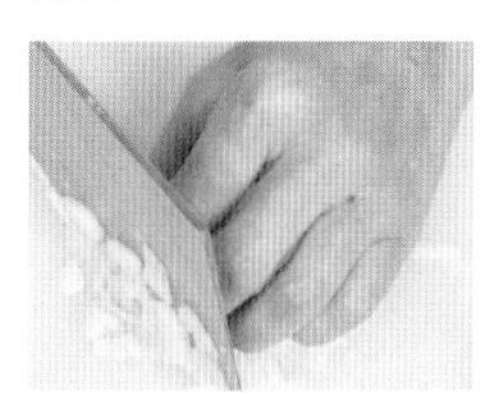

1 雪梨去皮，果肉切成丁；芒果去皮，将果肉切成丁。

2 锅中注入适量清水烧热，倒入芒果、雪梨，搅拌均匀。

3 用大火边煮边搅拌，至食材熟软。

4 倒入柠檬汁、白糖，搅拌均匀，至白糖完全溶化即可。

Part 2
饼干

理想中的生活，在一个闲来无事的午后，
烤好一盒脆香爽口的苏打饼或是香甜酥松的曲奇，
再泡一壶玫瑰花茶，让饼干的香味和花茶的清香
在空气里弥漫着，
你半躺在沙发椅上看着书，喝一口花茶，吃一口饼干，
怡然自得的快乐，也是一种“小确幸”。

本章将详细介绍许多不同种类的饼干
及其具体的烘焙方法，
操作简单明了，
帮助你快速掌握饼干制作的技巧，
做出精美可口的饼干。

苏打饼干

通关密码

用菜刀切割面皮边缘时不要拖动，以免以免弄破面皮的形状，影响成品的美观。

原料：

酵母……………………6 克
水……………… 140 毫升
低筋面粉…………300 克
盐…………………………2 克
小苏打…………………2 克
黄奶油……………60 克

工具：

刮板 1 个
擀面杖 1 根
叉子 1 把
烤箱 1 台

难易程度：易
烤　　制：上火 200℃、下火 200℃
烤制时间：10 分钟

制作方法：

1. 将低筋面粉、酵母、小苏打、盐倒在面板上，充分混合均匀。

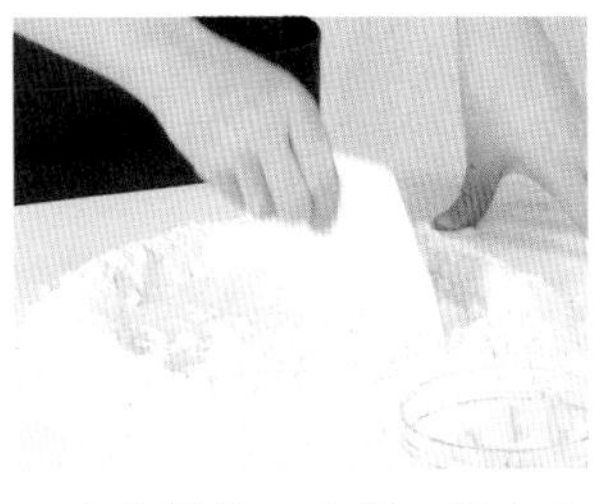

2. 在中间掏一个窝，倒入备好的水，用刮板搅拌使水被吸收。

3. 加入黄奶油，一边翻搅一边按压，将所有食材混匀，制成平滑的面团。

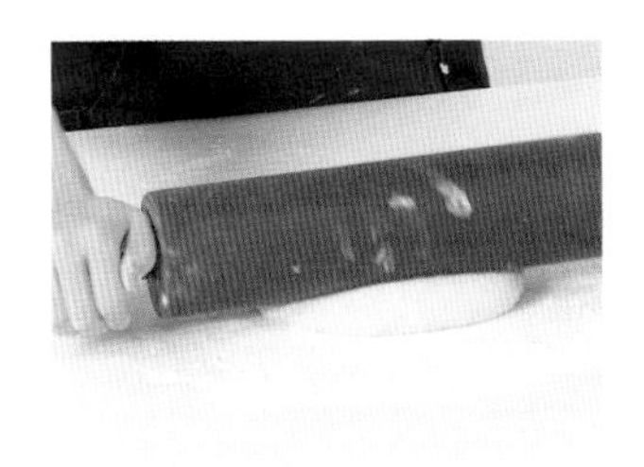

4. 在面板上撒上些许面粉，放上面团，用擀面杖将面团擀制成 0.1 厘米的面皮。

5. 用菜刀将面皮四周不整齐的地方修掉，将其切成大小一致的长方片。

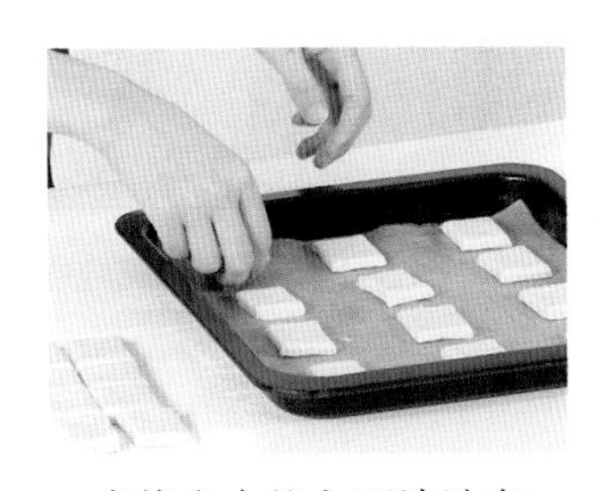

6. 在烤盘内垫入不沾油布，将切好的面皮整齐地放入烤盘内。

7. 用叉子在每个面片上戳上装饰花纹，放烤盘入预热好的烤箱内，关门。

8. 上火 200℃、下火 200℃烤 10 分钟至饼干松脆，取出即可。

芝麻苏打饼干

通关密码

将芝麻加入面团前，可以干炒片刻，这样烤出的饼干会更香。

原料：

酵母……………………3克
水………………70毫升
低筋面粉…………150克
盐…………………………2克
小苏打………………2克
黄奶油……………30克
白芝麻、黑芝麻
……………………各适量

工具：

擀面杖1根
刮板1个
叉子、尺子各1把
烤箱1台

难易程度： 易
烤　　制： 上火200℃、下火200℃
烤制时间： 10分钟

制作方法：

1. 将低筋面粉、酵母、小苏打、盐倒在面板上，充分混合均匀。

2. 用刮板开窝，倒入水，再用刮板搅拌。

3. 加入黄奶油、黑芝麻、白芝麻，将所有食材混匀，制成平滑的面团。

4. 在面板上撒上些许面粉，放上面团，用擀面杖将面团擀制成0.1厘米厚的面皮。

5. 用刀将面皮修齐，切成长方片。

6. 在烤盘内垫入高温布，放上面片，用叉子依次在每个面片上戳上装饰花纹。

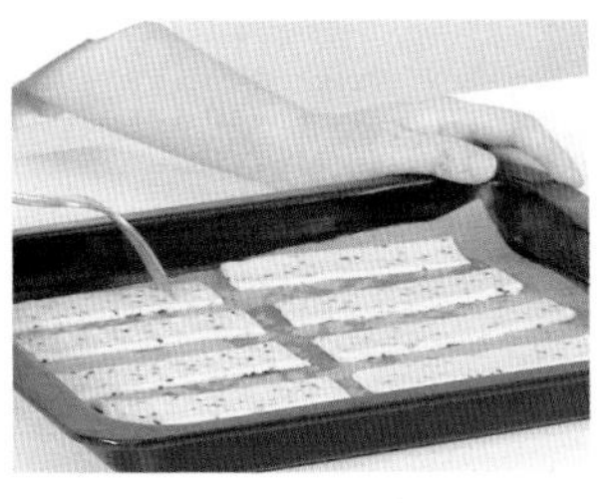

7. 将烤盘放入预热好的烤箱内，关上箱门。

8. 上火温度调为200℃，下火调为200℃，烤10分钟至饼干松脆，取出即可。

香葱苏打饼干

通关密码

饼干放凉之后可放入食品袋中保存，这样不易受潮。

原料:

黄奶油……………30克
酵母…………………4克
盐……………………3克
低筋面粉…………165克
牛奶……………90毫升
苏打粉………………1克
葱花、白芝麻……各适量

工具:

擀面杖1根
刮板1个
叉子、尺子各1把
烤箱1台

难易程度: 易
烤　　制: 上火170℃、下火170℃
烤制时间: 15分钟

扫一扫看视频

制作方法:

1. 把低筋面粉倒在案台上，用刮板开窝。

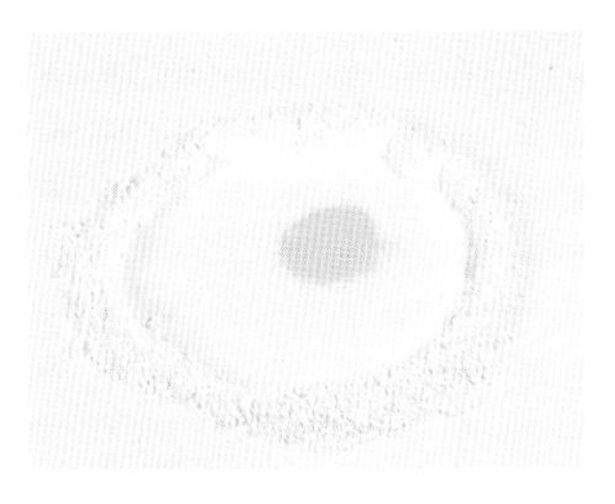
2. 倒入酵母，刮匀。

3. 加入白芝麻、苏打粉、盐，倒入牛奶，混合，揉搓均匀。

4. 加入黄奶油、葱花，用力揉搓均匀。

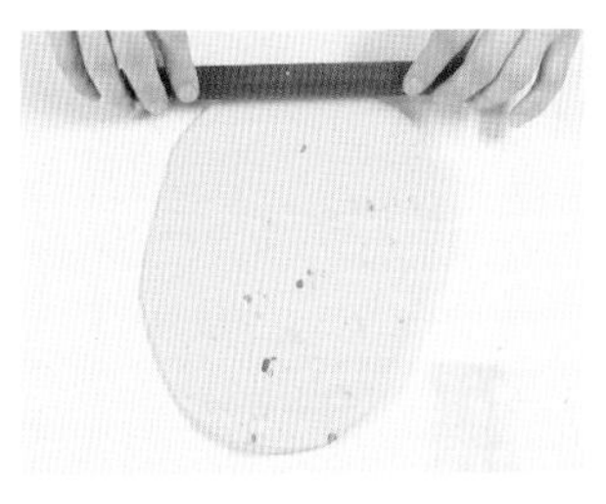
5. 用擀面杖把面团擀成0.3厘米厚的面皮。

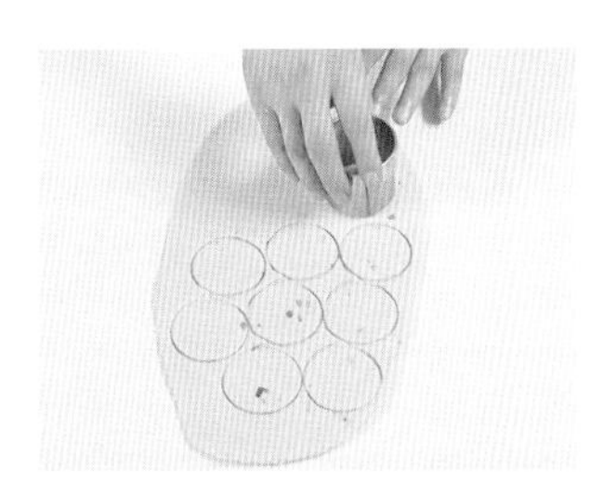
6. 用圆形的模具按压出数个饼干生坯。

7. 把饼干生坯放入烤盘中，用叉子在饼干生坯上扎几个小孔。

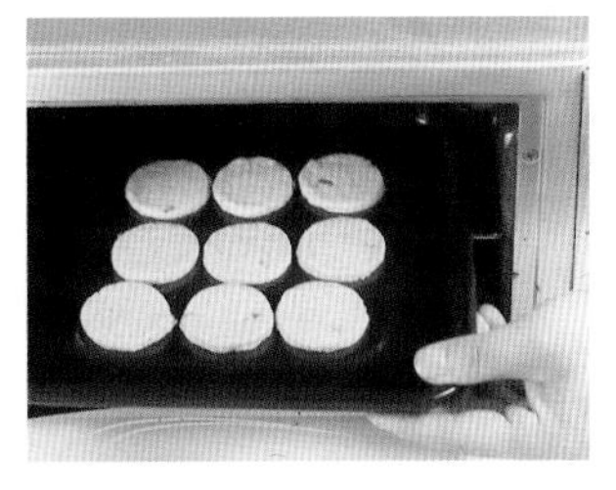
8. 将烤盘放入烤箱中，以上、下火均为170℃烤15分钟至熟，取出即可。

黄油曲奇

通关密码

挤压裱花袋的时候，用力一定要均匀，才能使饼干更漂亮。

原料：

黄奶油……………130克
细砂糖……………35克
糖粉………………65克
香草粉……………5克
低筋面粉…………200克
鸡蛋………………1个

工具：

电动搅拌器1个
裱花袋2个
裱花嘴1个
长柄刮板1个
剪刀1把
烤箱1台

难易程度： 易
烤　　制： 上火180℃、下火160℃
烤制时间： 17分钟

制作方法：

1. 取一个容器，放入糖粉、黄奶油，用电动搅拌器打发至乳白色。

2. 加入鸡蛋，继续搅拌，再加入细砂糖，搅拌均匀。

3. 加入备好的香草粉、低筋面粉，充分搅拌均匀。

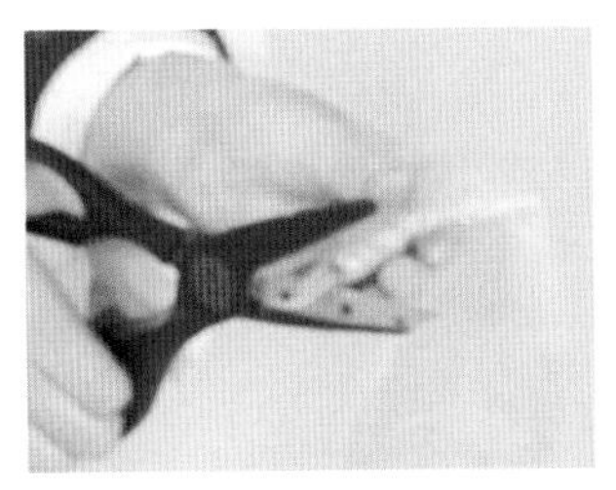

4. 用刮板将材料搅拌片刻，撑开裱花袋，装入裱花嘴，剪开一个小洞。

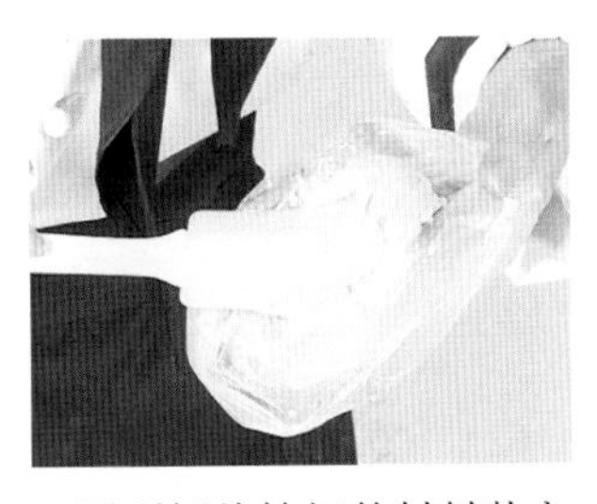

5. 用刮板将拌好的材料装入裱花袋中。

6. 在烤盘上铺上一张油纸，将裱花袋中的材料挤在烤盘上，挤出自己喜欢的形状。

7. 烤箱预热好开箱，将装有饼坯的烤盘放入，关闭好。

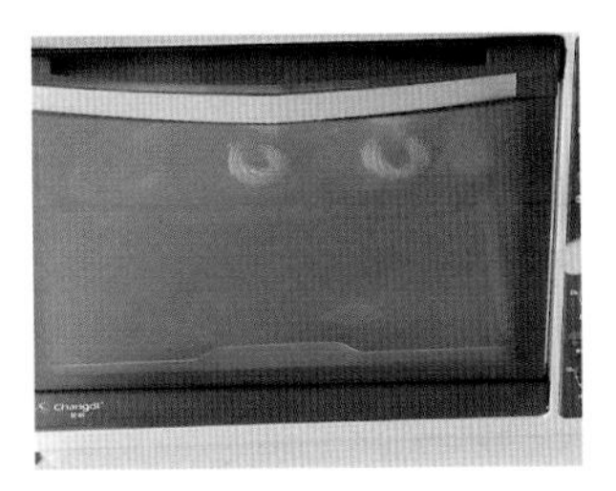

8. 将上火调至180℃，下火调至160℃，定时17分钟使其成形变熟，取出即可。

罗曼咖啡曲奇

通关密码

袋底的小孔不宜太大，以免挤出的面糊的形状不好看。

原料：

黄奶油……………62 克
糖粉…………………50 克
蛋白…………………22 克
咖啡粉………………5 克
开水………………… 5 毫升
香草粉………………5 克
杏仁粉……………35 克
低筋面粉…………80 克

工具：

裱花袋、裱花嘴各 1 个
剪刀 1 把
油纸 1 张
电动搅拌器 1 个
烤箱 1 台

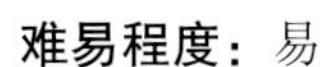

难易程度： 易
烤　　制： 上火 180℃、下火 160℃
烤制时间： 10 分钟

扫一扫看视频

制作方法：

1. 将糖粉、黄奶油倒入容器中，快速拌匀，使黄油溶化。

2. 倒入蛋白，快速拌匀，至食材融合在一起，待用。

3. 将开水注入咖啡粉中，晃动几下，至咖啡粉完全融化，制成咖啡液，待用。

4. 容器中再加入调好的咖啡液，快速拌匀。

5. 依次倒入香草粉、杏仁粉、低筋面粉，拌匀至材料呈细腻的面糊状，待用。

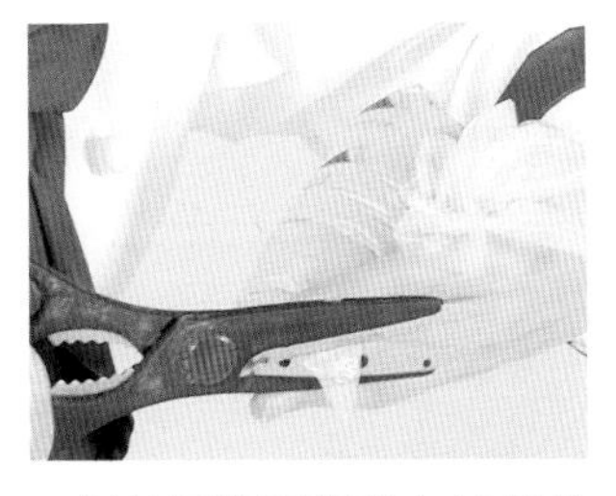

6. 把拌好的面糊装入裱花袋里，收紧袋口，套上裱花嘴，再在袋底剪出一个小孔。

7. 烤盘中垫上一张大小适合的油纸，挤入适量面糊，制成数个曲奇生坯。

8. 烤箱预热，放入烤盘，以上火 180℃、下火 160℃的温度烤 10 分钟，取出即可。

奶香曲奇

通关密码

挤出面糊时，每个曲奇饼之间的空隙要大一点，以免烤好后粘连在一起。

原料：

黄奶油……………75 克
糖粉………………20 克
蛋黄………………15 克
细砂糖……………14 克
淡奶油……………15 克
低筋面粉…………80 克
奶粉………………30 克
玉米淀粉…………10 克

工具：

电动搅拌器 1 个
长柄刮板 1 个
裱花嘴 1 个
裱花袋 2 个

难易程度：易
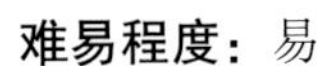
烤　　制：上火 180℃、下火 150℃
烤制时间：15 分钟

扫一扫看视频

制作方法：

1. 取大碗，加入糖粉、黄奶油，用电动搅拌器搅匀。

2. 至其呈乳白色后加入蛋黄，继续搅拌。

3. 再依次加入细砂糖、淡奶油、玉米淀粉、奶粉、低筋面粉，充分搅拌均匀。

4. 用长柄刮板将搅拌匀的材料搅拌片刻。

5. 将裱花嘴装入裱花袋，剪开一个小洞，用刮板将拌好的面糊装入裱花袋中。

6. 在烤盘上铺一张油纸，将裱花袋中的材料挤在烤盘上，挤成长条形。

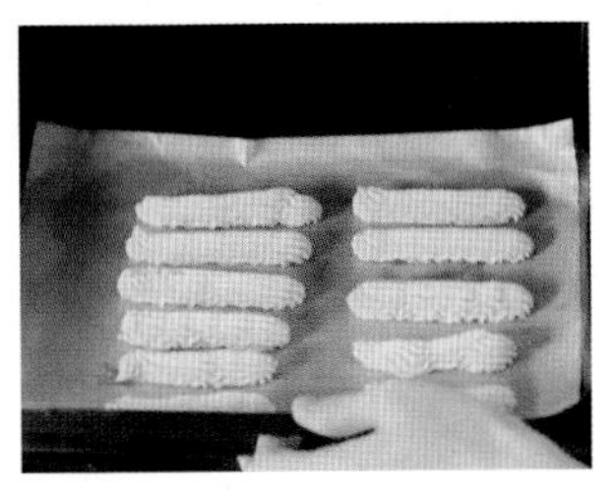
7. 将装有饼坯的烤盘放入烤箱，以上火 180℃、下火 150℃烤 15 分钟至熟。

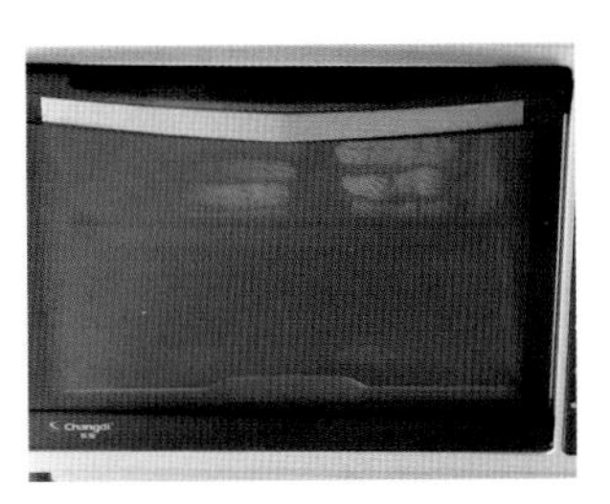
8. 打开烤箱，戴上隔热手套把烤盘取出即可。

牛奶饼干

通关密码

切面片的时候最好是按压好的，以免饼干变形。

原料：

低筋面粉…………150 克
糖粉…………………40 克
蛋白…………………15 克
黄油…………………25 克
淡奶油………………50 克

工具：

刮板 1 个
擀面杖 1 根
烤箱 1 台

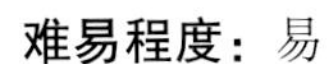

难易程度： 易
烤　　制： 上火 160℃、下火 160℃
烤制时间： 10 分钟

扫一扫看视频

制作方法：

1. 低筋面粉倒在面板上，开窝，加入糖粉、蛋白，拌匀。

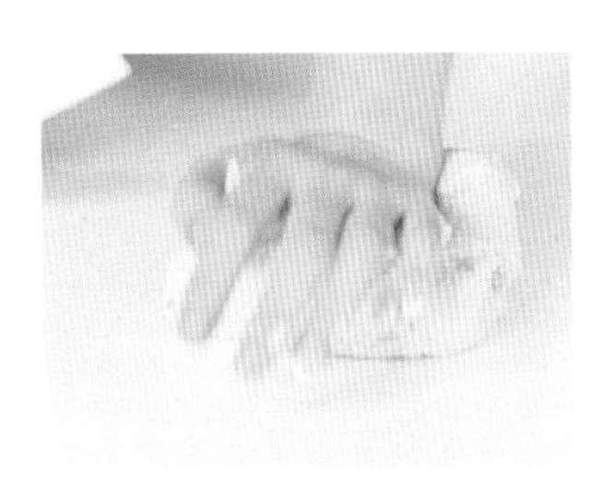

2. 加入黄油、淡奶油，将四周的粉覆盖中间，边搅拌边按压，使面团均匀平滑。

3. 用擀面杖把面团擀平擀薄，制成 0.3 厘米的面片。

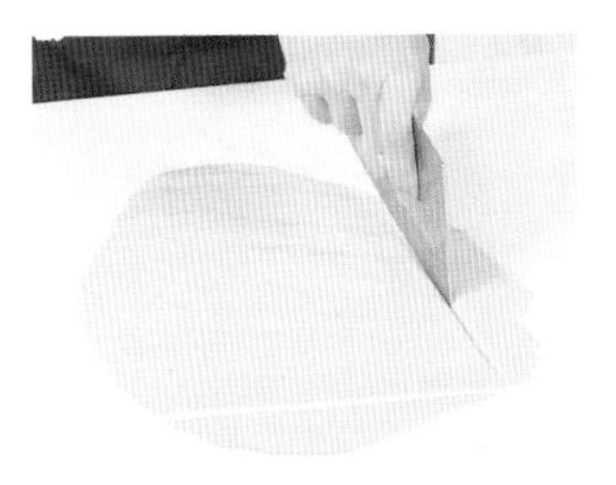

4. 用菜刀将面片四周切齐制成长方形的面皮。

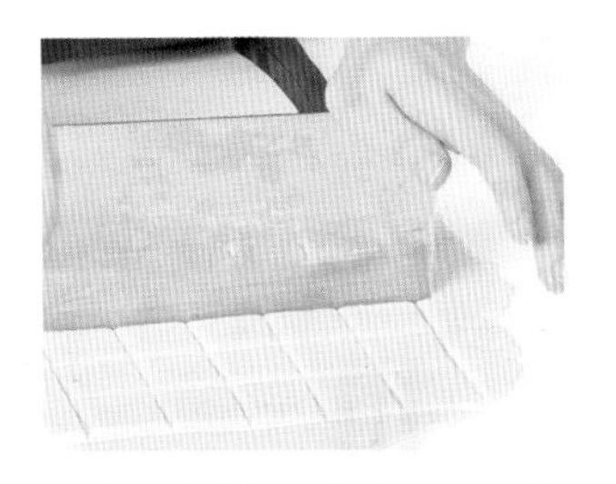

5. 修好的面皮切成大小一致的小长方形制成饼干生坯。

6. 去掉多余的面皮，将饼干生坯放入备好的烤盘中。

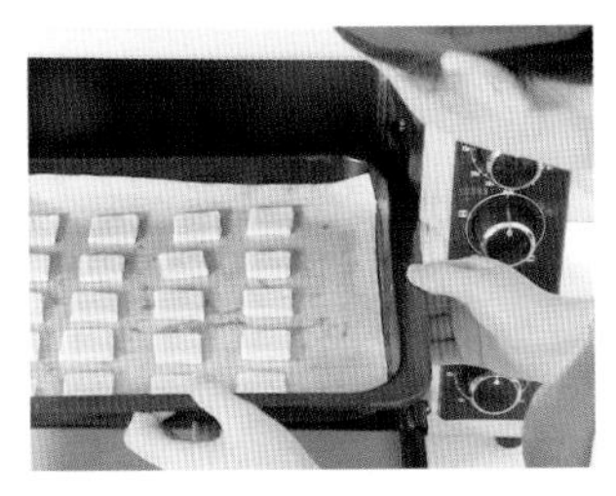

7. 将烤盘放入预热好的烤箱内，关上烤箱门。

8. 将上下火调至 160℃，定时 10 分钟至其熟透定形，取出即可。

牛奶星星饼干

通关密码

取出星星饼坯的时候动作要轻，以免破坏饼坯外观。

原料：

低筋面粉…………100克
牛奶……………… 30毫升
奶粉…………………15克
黄油…………………80克
糖粉…………………50克

工具：

刮板1个
擀面杖1根
星星模具1个
烤箱1台

难易程度： 易
烤　　制： 上火160℃、下火160℃
烤制时间： 15分钟

扫一扫看视频

制作方法：

1. 往案台上倒入低筋面粉、奶粉，拌匀，开窝。

2. 倒入糖粉、黄油，拌匀。

3. 加入牛奶，混合均匀。

4. 刮入面粉，混匀。

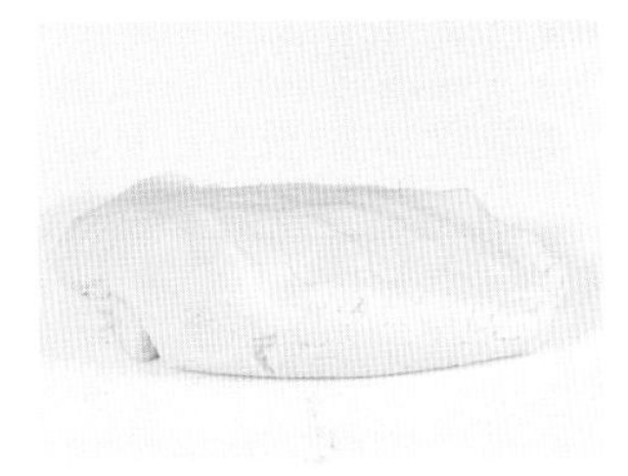
5. 将混合物搓揉成一个纯滑面团。

6. 案台上撒少许面粉，按压一下面团，用擀面杖将面团擀成约0.5厘米厚的面饼。

7. 用模具在面饼上按压出数个星星形状的饼坯。

8. 取出星星饼坯装入烤盘，放入烤箱，以上下火160℃烤15分钟，取出即可。

奶酥饼

通关密码

饼干生坯的厚薄、大小都应一致，这样烤出来的成品外形更美观。

原料：

黄奶油……………120 克
盐………………………3 克
蛋黄…………………40 克
低筋面粉…………180 克
糖粉…………………60 克

工具：

电动搅拌器 1 个
长柄刮板 1 个
裱花袋 1 个
花嘴 1 个
烤箱 1 台

难易程度：易
烤　　制：上火 180℃、下火 190℃
烤制时间：15 分钟

制作方法：

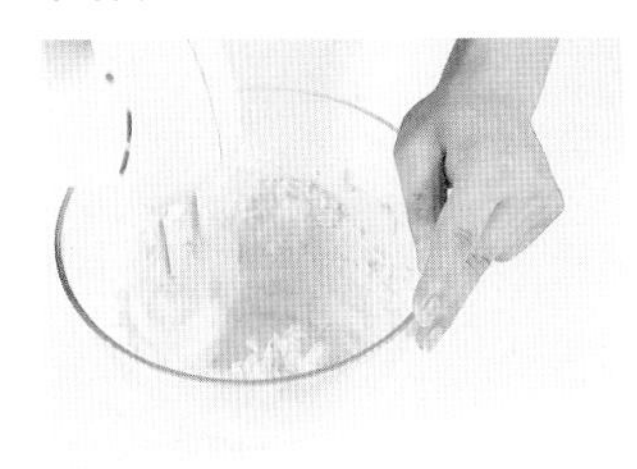

1. 将黄奶油倒入大碗中，加入盐、糖粉，用电动搅拌器快速搅匀。

2. 分次加入蛋黄，搅拌均匀。

3. 将低筋面粉过筛至碗中，用长柄刮板拌匀，制成面糊。

4. 把面糊装入套有花嘴的裱花袋里，剪开一个小口。

5. 以画圈的方式把面糊挤在铺有高温布的烤盘里，制成饼坯。

6. 预热烤箱，把放有饼胚的的烤盘放入烤箱里。

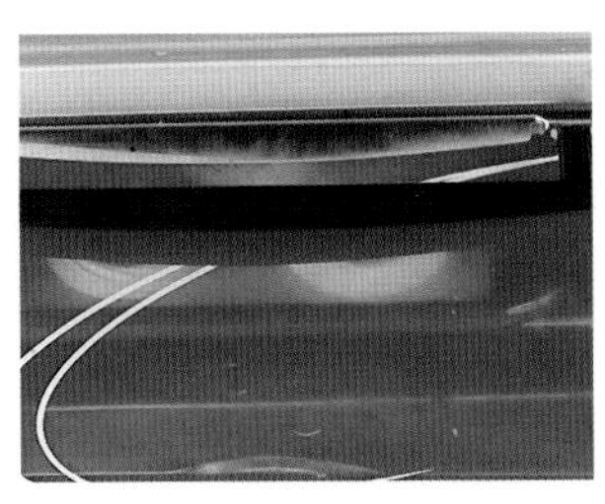

7. 关上箱门，以上火 180℃、下火 190℃烤 15 分钟至熟。

8. 打开箱门，取出烤好的饼干，装入盘中即可。

蛋黄小饼干

通关密码

挤入面糊时要大小均匀，这样烤出来的饼干才美观。

原料：

低筋面粉…………90 克

鸡蛋……………………1 个

蛋黄……………………1 个

白糖………………50 克

泡打粉………………2 克

香草粉………………2 克

工具：

刮板 1 个

裱花袋 1 个

烤箱 1 台

难易程度： 易

烤　　制： 上火 170℃、下火 170℃

烤制时间： 15 分钟

扫一扫看视频

制作方法：

1. 把低筋面粉装入碗里，加入泡打粉、香草粉，拌匀，倒在案台上，用刮板开窝。

2. 倒入白糖，加入鸡蛋、蛋黄，搅匀。

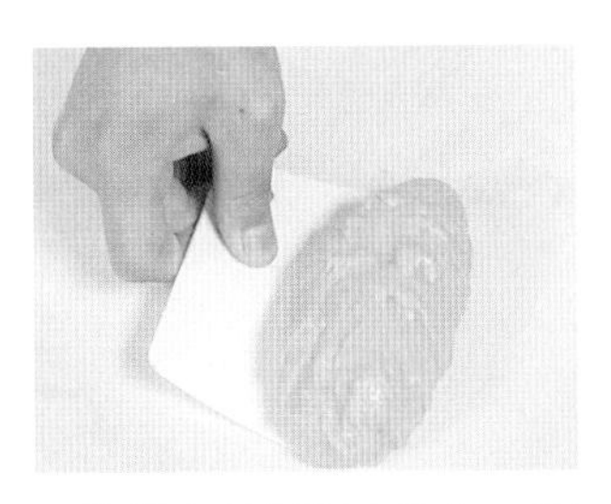
3. 将所有材料混合均匀，和成面糊。

4. 把面糊装入裱花袋中。

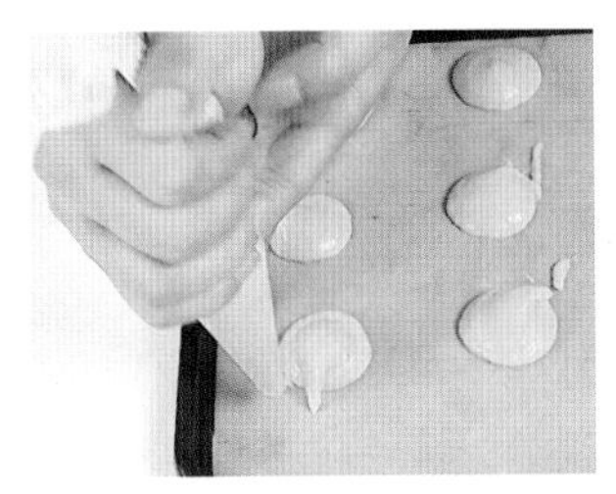
5. 在烤盘上铺一层高温布，挤上适量面糊，挤出数个饼干生坯。

6. 将烤盘放入烤箱，以上下火 170℃烤 15 分钟至熟。

7. 取出烤好的饼干，装入盘中即可。

数字饼干

难易程度：易
烤　　制：上火 200℃
下火 200℃
烤制时间：10 分钟

原料：
黄奶油…………240 克
糖粉……………200 克
鸡蛋……………100 克
低筋面粉………400 克
高筋面粉………100 克

工具：
电动搅拌器 1 个
刮板 1 个
数字符号模具 4 个
保鲜膜 1 张
细筛网 1 个

通关密码

包保鲜膜时一定要包裹好，以免面团干掉，影响饼干的质感。

制作方法：

1. 将黄奶油倒入碗中，用电动搅拌器搅拌。

2. 加入糖粉，搅拌均匀。

3. 倒入备好的鸡蛋，快速搅拌均匀。

4. 分别将低筋面粉、高筋面粉过筛至碗中，拌匀，制成面糊。

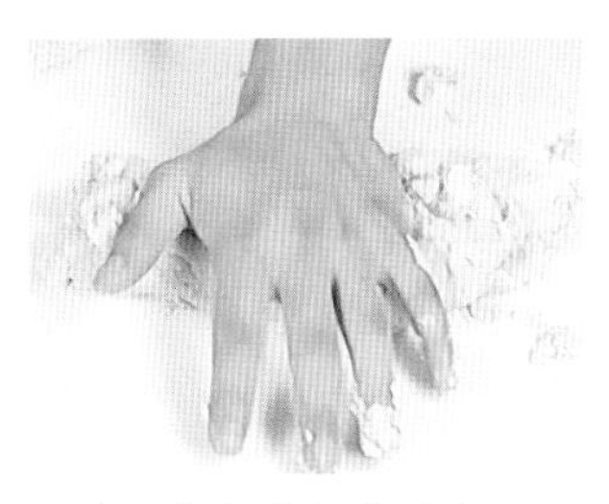

5. 将面糊倒在操作台上，压拌均匀，制成面团。

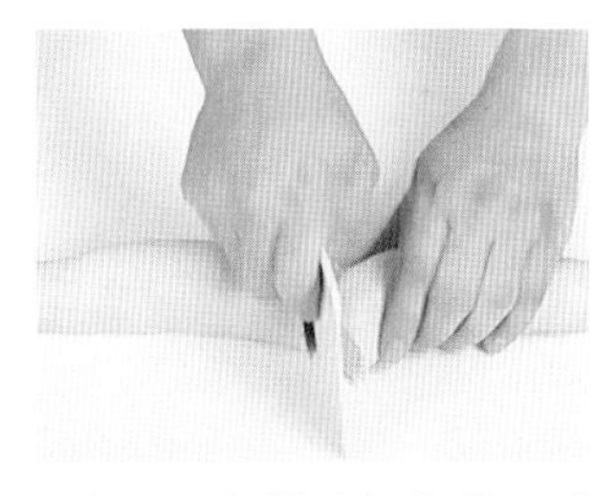

6. 把面团揉搓成长条状，对半切开。

7. 取其中一半面团，铺上保鲜膜，包好，并用手压扁，放入冰箱，冷藏 30 分钟。

8. 从冰箱中取出面团，撕开保鲜膜。

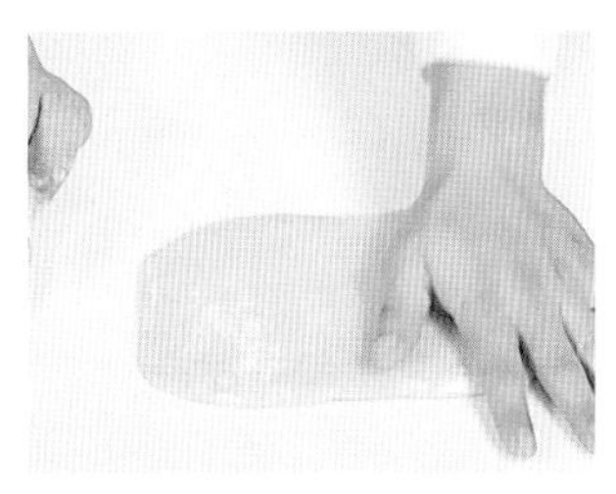

9. 在操作台撒入适量的低筋面粉，放上面团，按压片刻。

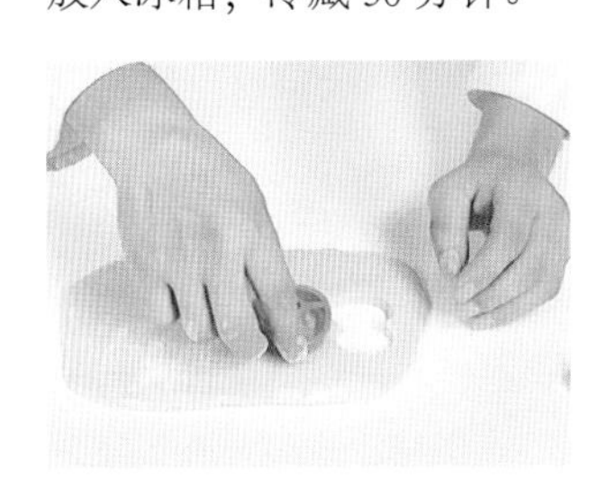

10. 依次将数字符号模具放在面团上，按压一下，取出。

11. 将面团脱模，放入烤盘。

12. 烤箱温度调成上下火 200℃，放入烤盘烤 10 分钟。

13. 从烤箱中取出烤盘。

14. 将烤好的数字饼干装入盘中即可。

罗蜜雅饼干

难易程度： 中

烤　　制： 上火 180℃

下火 150℃

烤制时间： 15 分钟

原料：

饼皮：

黄奶油……………80 克

糖粉………………50 克

蛋黄………………15 克

低筋面粉…………135 克

馅料：

糖浆………………30 克

黄奶油……………15 克

杏仁片…………… 适量

工具：

电动搅拌器 1 个

长柄刮板 1 个

三角铁板 1 个

花嘴 1 个

裱花袋 2 个

烤箱 1 台

通关密码

挤面糊时裱花嘴提起要快速，不然会黏连挤好的面糊，破坏造型。

制作方法：

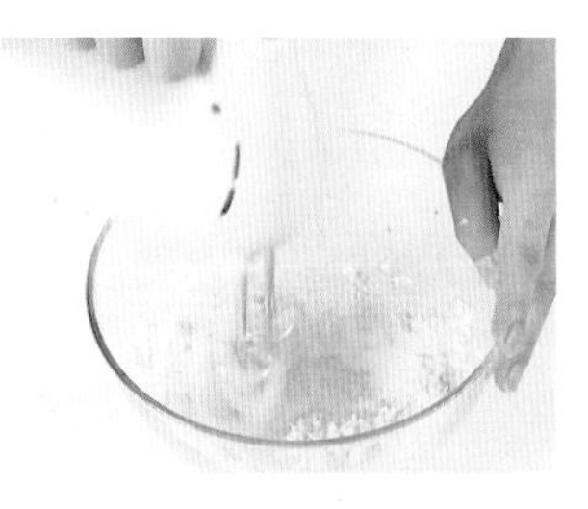

1. 黄奶油倒入大碗中，加入糖粉，用电动搅拌器搅匀。

2. 加入蛋黄，快速搅匀。

3. 倒入低筋面粉，用长柄刮板搅拌匀，制成面糊。

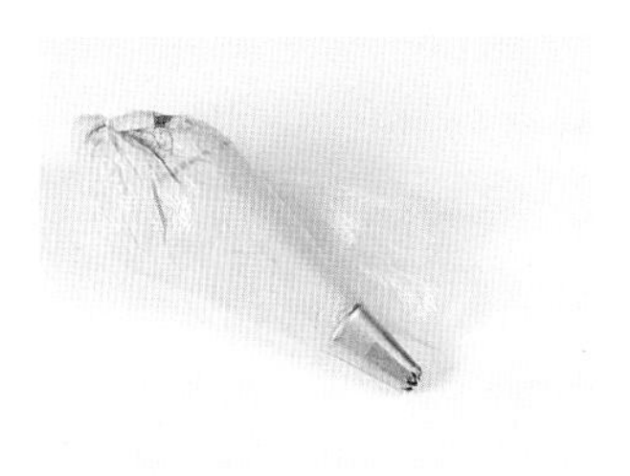

4. 把面糊装入套有花嘴的裱花袋里，待用。

5. 将黄奶油、杏仁片、糖浆倒入碗中，用三角铁板拌匀。

6. 把馅料装入裱花袋里，置于一旁备用。

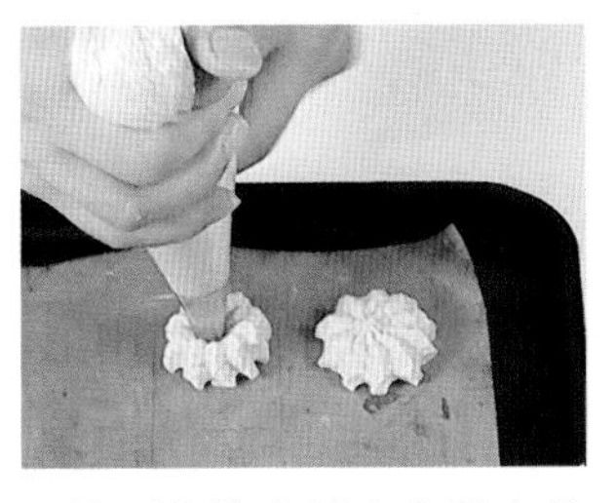

7. 将面糊挤在铺有高温布的烤盘里。

8. 把余下的面糊挤入烤盘里，制成饼坯。

9. 用三角铁板将饼坯中间部位压平。

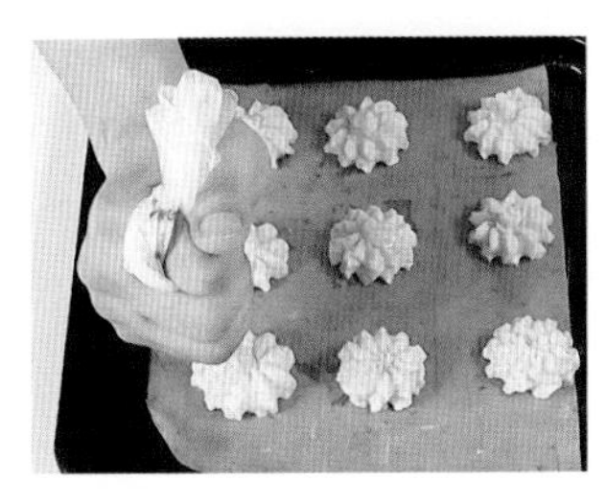

10. 挤上适量馅料。

11. 把饼坯放入预热好的烤箱里。

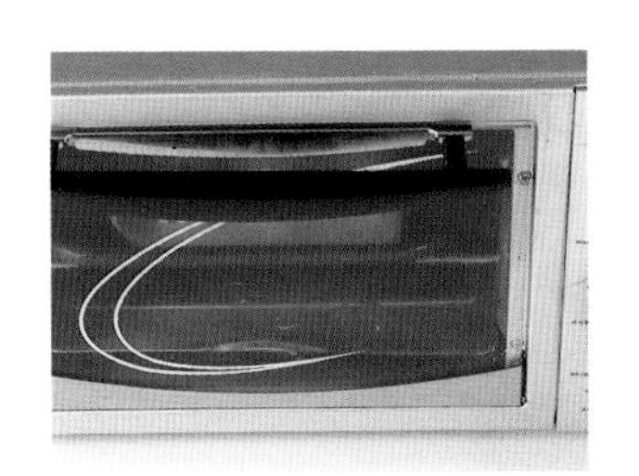

12. 以上火 180 ℃、下火 150℃烤 15 分钟至熟。

13. 打开箱门，取出烤好的饼干。

14. 装入盘中即可。

奶油饼干

通关密码

可在生坯上刷一层蛋黄液，这样烤好的饼干颜色更佳。

原料：

黄奶油……………100克
糖粉…………………60克
蛋白…………………30克
低筋面粉…………150克
草莓果酱…………… 适量

工具：

刮板1个
圆形模具2个
烤箱1台
擀面杖1根
高温布1张

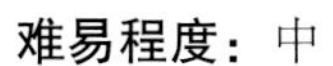

难易程度： 中
烤　　制： 上火170℃、下火170℃
烤制时间： 15分钟

扫一扫看视频

制作方法：

1. 将低筋面粉倒在案台上，用刮板开窝。倒入糖粉、蛋白，搅拌均匀。

2. 加入黄奶油，刮入面粉，混合均匀，再揉搓成光滑的面团。

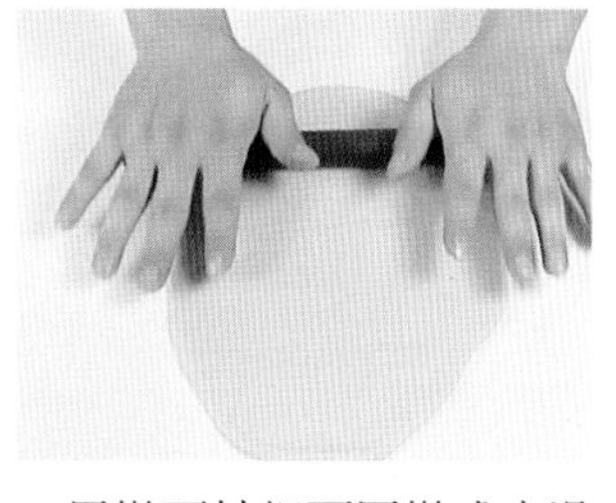

3. 用擀面杖把面团擀成光滑面皮。

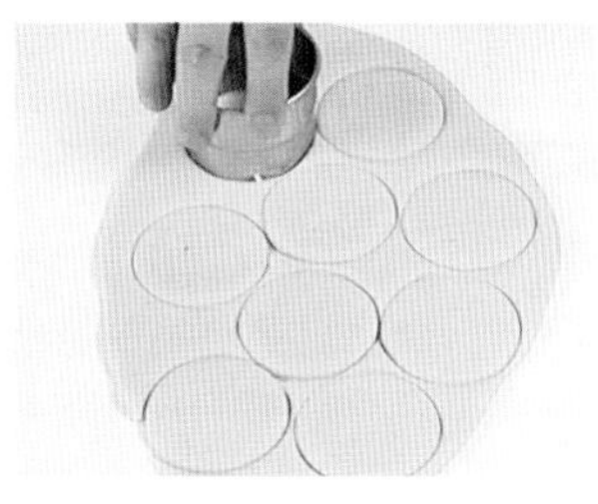

4. 用较大的模具在面皮上压出圆形面皮。

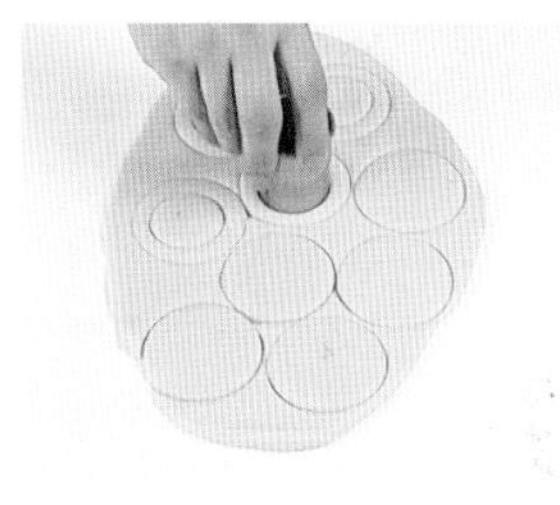

5. 用较小的圆形模具在4个圆形面皮上压出环状面皮。

6. 去掉边角料，把环状面皮放在4个圆形面皮上，制成生坯。

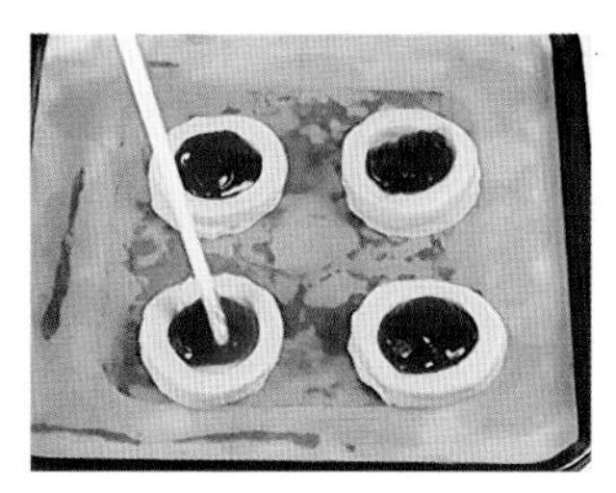

7. 把生坯放入铺有高温布的烤盘里，加入适量草莓果酱。

8. 将生坯放入预热好的烤箱里，以上下火170℃烤15分钟至熟，取出即可。

椰蓉蛋酥饼干

通关密码

面团最好大小一致才能受热均匀。

原料：

低筋面粉…………150 克
奶粉…………………20 克
鸡蛋…………………2 个
盐……………………2 克
细砂糖………………60 克
黄油………………125 克
椰蓉…………………50 克

工具：

刮板 1 个
烤箱 1 台

难易程度： 中
烤　　制： 上火 180℃、下火 150℃
烤制时间： 15 分钟

扫一扫看视频

制作方法：

1. 将低筋面粉、奶粉搅拌片刻，在中间掏一个窝。

2. 加入备好的细砂糖、盐、鸡蛋，在中间搅拌均匀。

3. 倒入黄油，将四周的面粉覆盖上去，一边翻搅一边按压至面团均匀平滑。

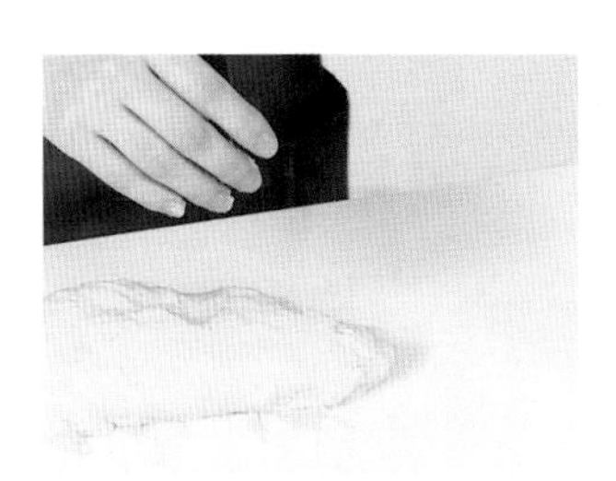
4. 取适量面团揉成圆形，在外圈均匀粘上椰蓉。

5. 放入烤盘，轻轻压成饼状，将面团依次制成饼干生坯。

6. 将烤盘放入预热好的烤箱里，调成上火 180℃、下火 150℃，烤 15 分钟至定形。

7. 待 15 分钟后，戴上隔热手套将烤盘取出。

8. 装入篮子中，稍放凉即可食用。

巧克力腰果曲奇

通关密码

加入的盐不宜太多，以免曲奇太咸。

原料：

黄奶油……………90克
糖粉………………80克
蛋清………………60克
低筋面粉…………120克
可可粉……………15克
盐……………………1克
腰果碎……………适量

工具：

电动搅拌器1个
花嘴1个
裱花袋1个
长柄刮板1个
烤箱1台
剪刀1把

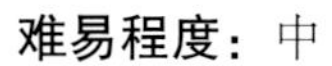

难易程度： 中
烤　　制： 上火150℃、下火150℃
烤制时间： 15分钟

扫一扫看视频

制作方法：

1. 将黄奶油倒入大碗中，加入糖粉，用电动搅拌器搅匀。

2. 分两次加入蛋清，用电动搅拌器快速打发。

3. 倒入低筋面粉、可可粉，搅匀，加入盐，搅拌均匀。

4. 取一个花嘴，把花嘴装入裱花袋里。

5. 用剪刀在裱花袋尖角处剪开一个小口。

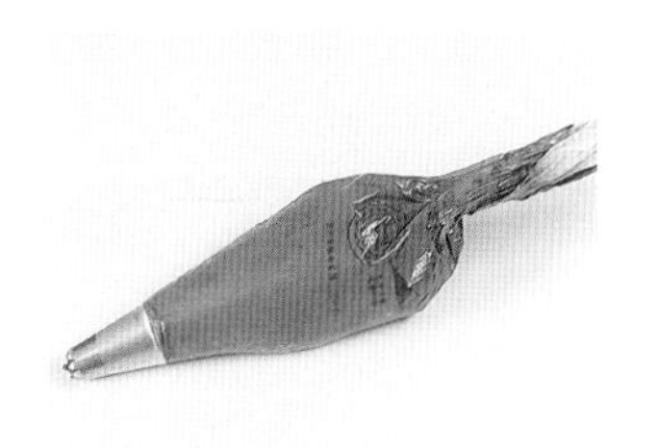

6. 把面糊装入裱花袋里。

7. 将面糊挤在烤盘上，制成数个曲奇生坯，把腰果碎撒在生坯上。

8. 把生坯放入预热好的烤箱里，关门，以上下火150℃烤15分钟至熟，取出即可。

巧克力夹心脆饼

扫一扫看视频

难易程度： 中

烤　　制： 上火 160℃

下火 160℃

烤制时间： 10 分钟

原料：

黄油……………………100 克

糖粉……………………80 克

蛋白……………………40 克

低筋面粉………………70 克

黑巧克力液……………100 克

黄油……………………20 克

工具：

裱花袋 1 个

长柄刮板 1 个

模具 1 个

油纸 2 张

电动搅拌器 1 个

烤箱 1 台

通关密码

巧克力液倒入油纸上时最好要铺匀，这样做好夹心饼干后外形才好看。

制作方法：

1. 将糖粉、黄油倒入容器中，搅拌均匀。

2. 放入备好的蛋白，拌匀。

3. 加入低筋面粉，拌匀，至材料成细腻的糊状，待用。

4. 取一裱花袋，盛入拌好的面糊。

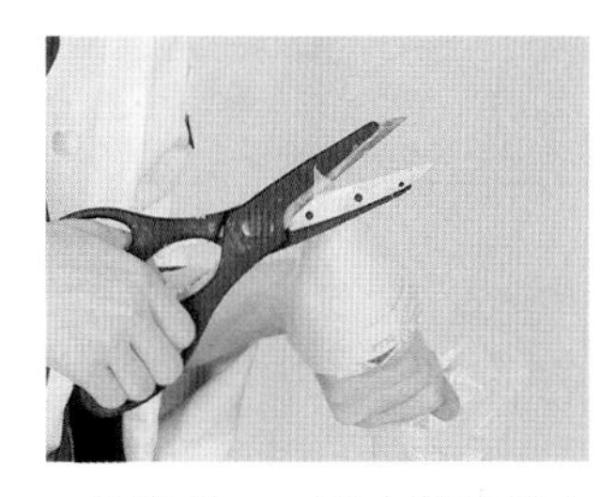

5. 收紧袋口，再在袋底剪出一个小孔，待用。

6. 烤盘中垫上一张大小适合的油纸，挤入适量面糊，制成数个饼干生坯。

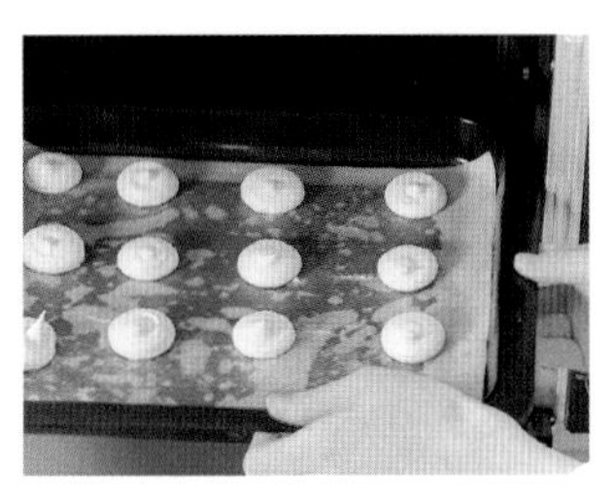

7. 烤箱预热，放入烤盘。

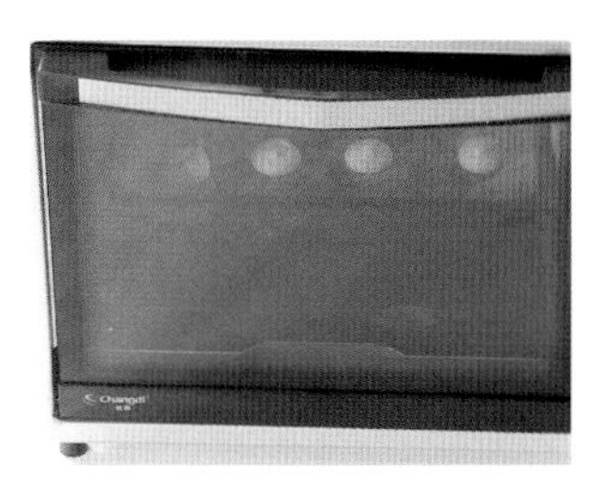

8. 关好烤箱门，以上、下火均为 160℃的温度烤约 10 分钟，至食材熟透。

9. 取出烤盘，静置至其冷却，取圆形压模压在饼干上。

10. 修整形状，使其呈圆形，放在盘中，待用。

11. 把黑巧克力液装入碗中，加入黄油拌匀，至其溶化。

12. 倒在油纸上，铺开、摊平，静置 7 分钟，至其冷却。

13. 取压模，在夹心馅料上压出数个圆形块，即成。

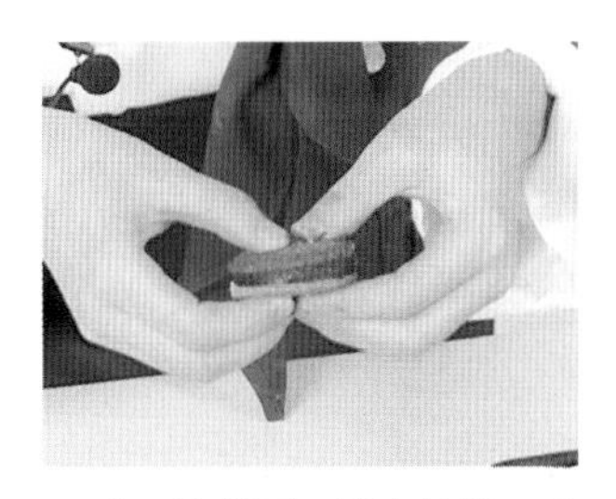

14. 取一块饼干，放上馅料，盖上另一块饼干，稍捏紧即成。

黄金芝士苏打饼干

扫一扫看视频

难易程度： 中
烤　　制： 上火 160℃
下火 160℃
烤制时间： 15 分钟

原料：

油皮的部分：

低筋面粉…………200 克
水……………… 100 毫升
色拉油………… 40 毫升
酵母……………………3 克
小苏打………………2 克
芝士…………………10 克

油心的部分：

低筋面粉…………60 克
色拉油………… 22 毫升

工具：

刮板 1 个
饼干模具 1 个
擀面杖 1 根
烤箱 1 台

制作方法：

1. 油皮的做法：将低筋面粉、酵母、小苏打拌匀，开窝。

2. 加入色拉油、水、芝士，拌匀，刮入面粉，混合均匀。

通关密码

可以在烤好的饼干上撒适量芝士碎，这样吃起来会更香。

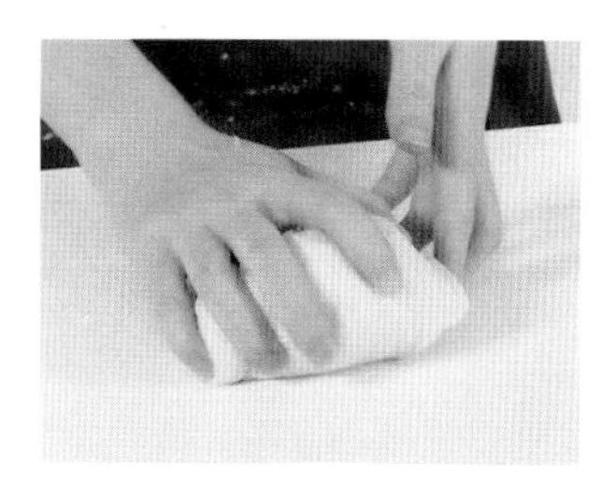

3. 将混合物搓揉成一个纯滑面团，待用。

4. 油心的做法：往案台上倒入低筋面粉，用刮板开窝，加入色拉油。

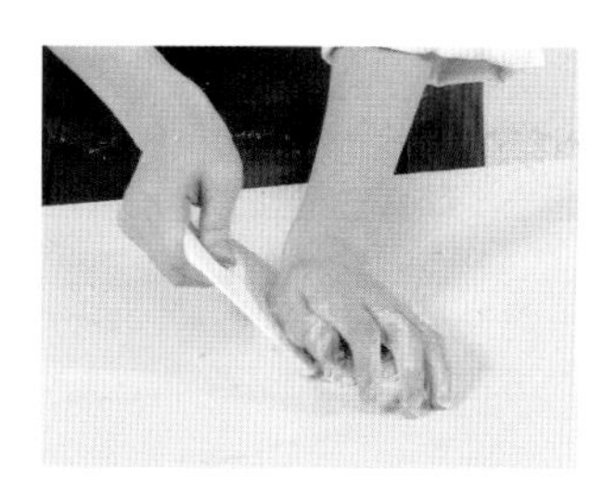

5. 刮入面粉，将其搓揉成一个纯滑面团，待用。

6. 往案台上撒少许面粉，放上油皮面团，用擀面杖将其均匀擀薄至面饼状。

7. 将油心面团用手按压一下，放在油皮面饼一端。

8. 将面饼另外一端盖住油心面团。

9. 用手压紧面饼四周。

10. 将擀薄的饼坯两端往中间对折。

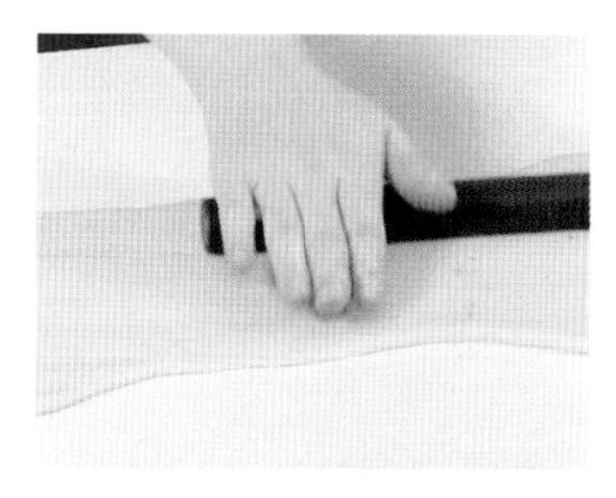

11. 再用擀面杖擀薄。

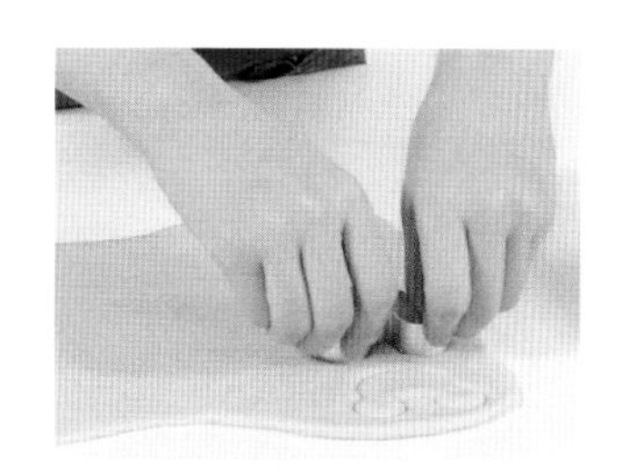

12. 用饼干模具按压饼坯，取出数个饼干生坯。

13. 烤盘垫一层不沾油布，将饼干生坯装入烤盘。

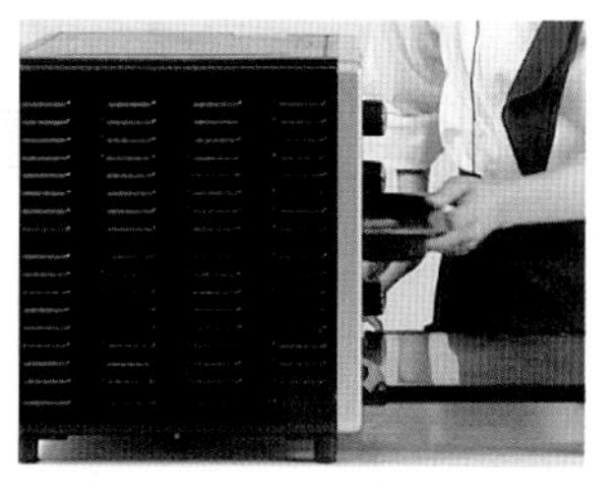

14. 将烤盘放入烤箱，上下火各160℃烤15分钟至熟。

趣多多

通关密码

加入黄油后可以将黄油用刮板戳散再按压，会更好揉匀。

原料：

低筋面粉…………150 克
蛋黄…………………25 克
可可粉……………40 克
糖粉…………………90 克
黄油…………………90 克
巧克力豆…………… 适量

工具：

刮板 1 个
烤箱 1 台

难易程度： 中
烤　　制： 上火 170℃、下火 170℃
烤制时间： 15 分钟

扫一扫看视频

制作方法：

1. 将低筋面粉、可可粉倒在面板上，用刮板搅拌均匀。

2. 在搅拌好的材料中掏一个窝，倒入糖粉、蛋黄，将其搅拌均匀。

3. 加入黄油，一边搅拌一遍按压，将食材充分拌匀。

4. 将揉好的面团搓成条，取一块揉成圆球。

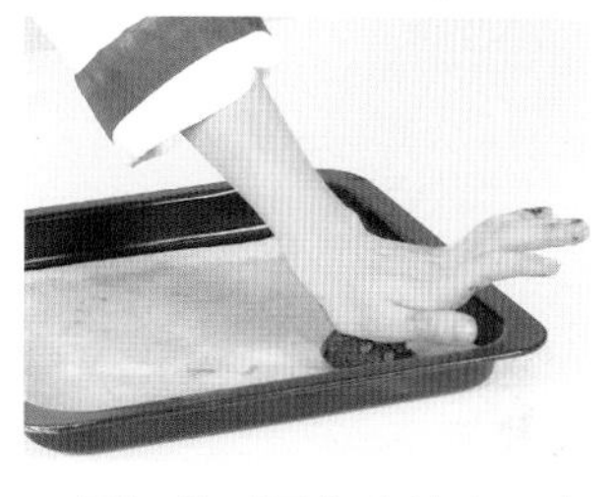
5. 揉好的面团依次粘上巧克力豆放入备好的烤盘内，轻轻按压一下成饼状。

6. 将剩余的面团依次用此方法制成饼坯。

7. 将装有饼坯的烤盘放入预热好的烤箱内。

8. 将上火温度调为 170℃，下火也同样调为 170℃，烤 15 分钟，取出即可。

蔓越莓饼干

扫一扫看视频

难易程度： 中

烤　　制： 上火 160℃

下火 160℃

烤制时间： 15 分钟

原料：

低筋面粉…………90 克

蛋白………………20 克

奶粉………………15 克

黄油………………80 克

糖粉………………30 克

蔓越莓干………… 适量

工具：

刮板 1 个

保鲜膜 1 张

刀 1 把

烤箱 1 台

制作方法：

1. 将低筋面粉倒在面板上，加入奶粉，拌匀。

2. 在中间开窝，加入糖粉、蛋白，再拌匀。

通关密码

饼干生坯放入烤盘时，饼干之间的空隙要留大些，以免粘连在一起。

3. 倒入黄油。

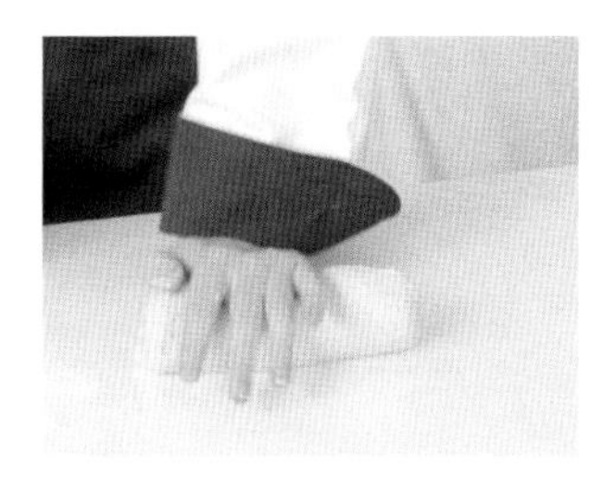

4. 将铺开的低筋面粉堆上去，按压成形。

5. 揉好后加入蔓越莓干。

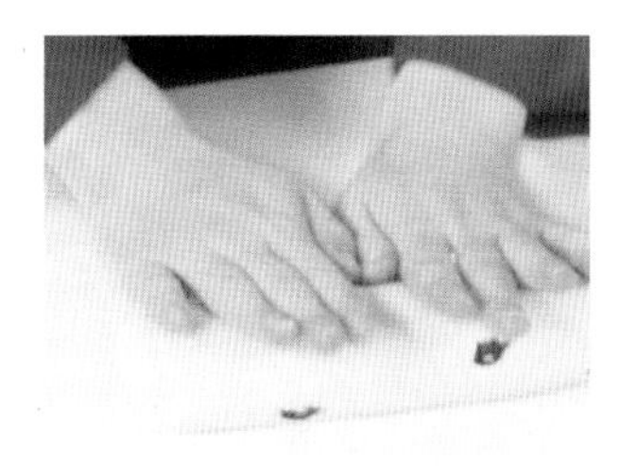

6. 揉成长条。

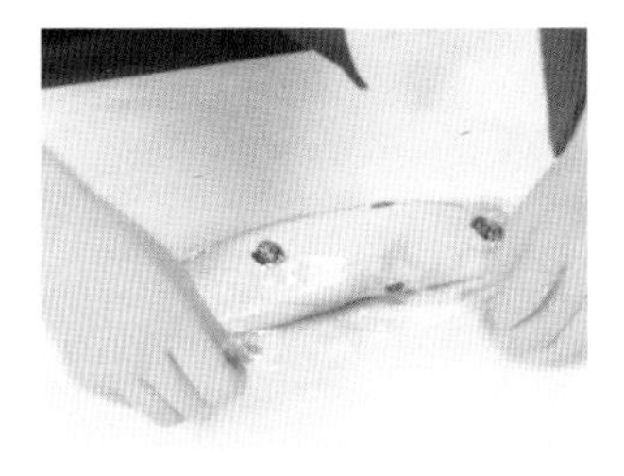

7. 包上保鲜膜。

8. 放入冰箱冷冻 1 个小时，取出后拆下保鲜膜。

9. 切成 0.5 厘米厚的生坯。

10. 摆入烤盘。

11. 打开烤箱，将烤盘放入烤箱中。

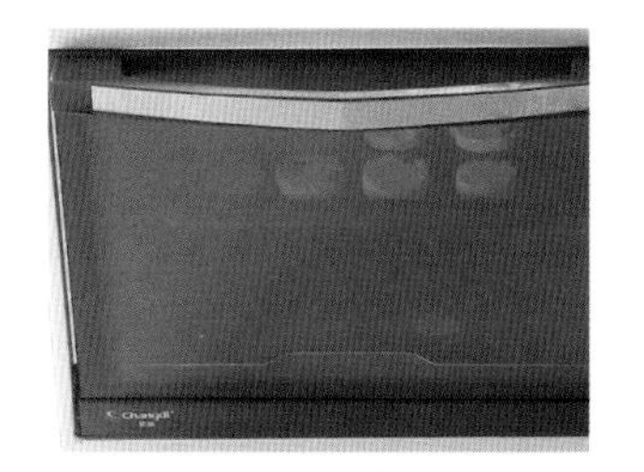

12. 关上烤箱，以上下火 160℃烤约 15 分钟至熟。

13. 打开烤箱，取出烤盘。

14. 把烤好的饼干装入盘中即可。

巧克力核桃饼干

通关密码

可以用筛网将杏仁粉过筛，这样口感会更佳。

原料：

核桃碎…………100克
黄奶油…………120克
杏仁粉…………30克
细砂糖…………50克
低筋面粉………220克
鸡蛋……………100克
黑巧克力液………适量
白巧克力液………适量

工具：

刮板1个
烤箱1台

难易程度： 中
烤　　制： 上火150℃、下火150℃
烤制时间： 18分钟

扫一扫看视频

制作方法：

1. 将低筋面粉、杏仁粉倒在案台上，用刮板开窝。

2. 倒入细砂糖、鸡蛋，搅拌均匀，加入黄奶油。

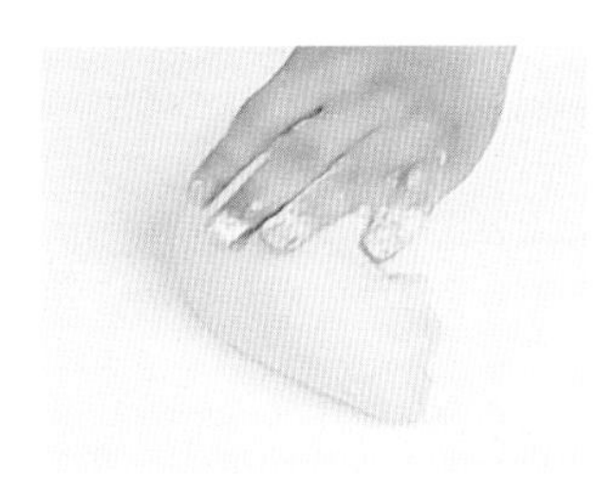
3. 将材料混合均匀，揉成光滑的面团。

4. 放入核桃碎，揉成面团。

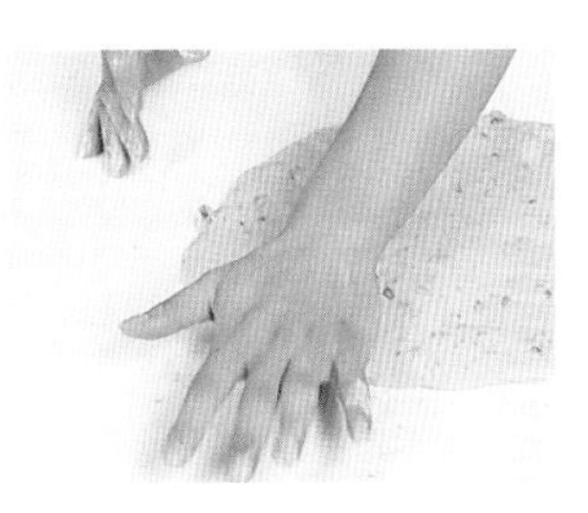
5. 在面团上撒少许低筋面粉，压成0.5厘米厚的面皮。

6. 把面皮切成长方形面饼，去掉不规则的边缘，然后把面饼放入烤盘。

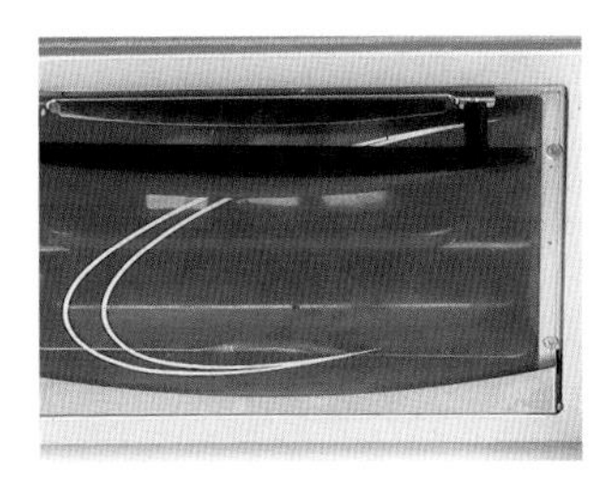
7. 再放入烤箱中，以上火150℃、下火150℃烤约18分钟至熟，取出。

8. 将烤好的核桃饼干一端粘上适量白巧克力液，另一端粘上适量黑巧克力液即可。

千层饼干

难易程度： 难

烤　　制： 上火 200℃

下火 200℃

烤制时间： 20 分钟

原料：

低筋面粉…………220 克
高筋面粉…………30 克
黄奶油……………40 克
细砂糖……………5 克
盐…………………1.5 克
清水……………125 毫升
片状酥油…………180 克
蛋黄液……………适量

工具：

擀面杖 1 个
刮板 1 个
圆形模具 1 个
量尺 1 把
小刀 1 把
刷子 1 把

制作方法：

1. 在操作台上倒入低筋面粉、高筋面粉，用刮板开窝。

2. 倒入细砂糖、盐、清水，用刮板拌匀，并用手揉搓成面团。

通关密码

可以用牙签在千层饼干生坯上刺一些均匀的小孔，这样可以避免烘烤时过度膨胀。

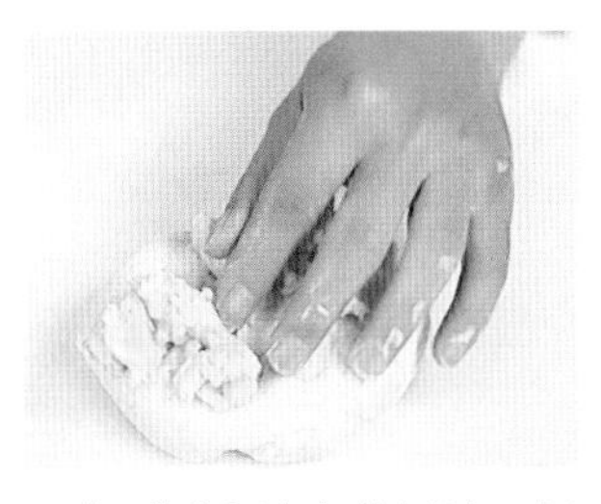

3. 在面团上放上黄奶油，揉搓成光滑的面团，静置10分钟。

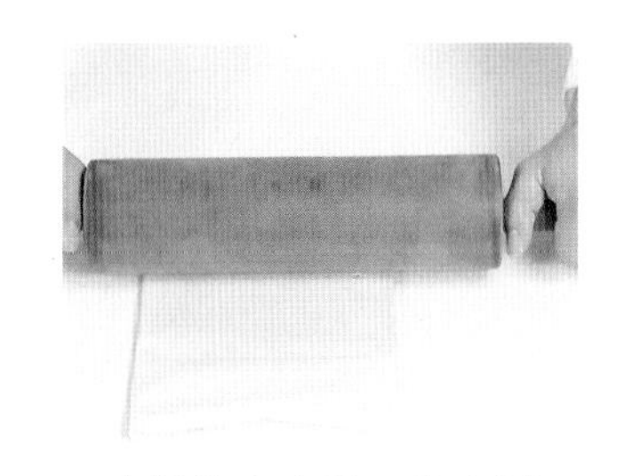

4. 在操作台上铺一张白纸，放入片状酥油，包好，用擀面杖擀平，待用。

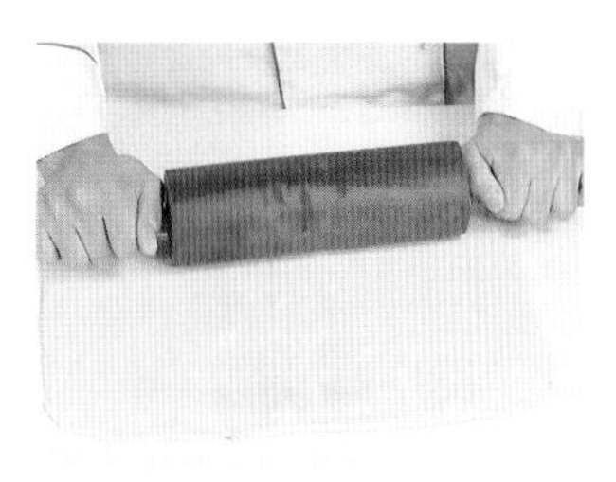

5. 把面团擀成片状酥油两倍大的面皮。

6. 将片状酥油放在面皮的一边，去除白纸，覆盖上另一边的面皮，折叠成长方块。

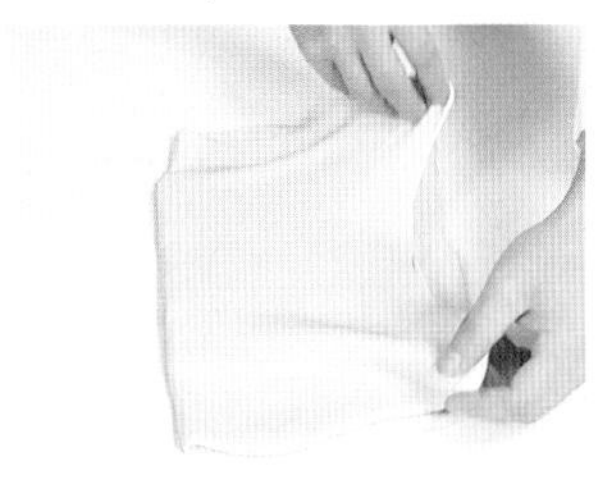

7. 在操作台上撒少许低筋面粉，将包裹着片状酥油的面皮擀薄，折四折。

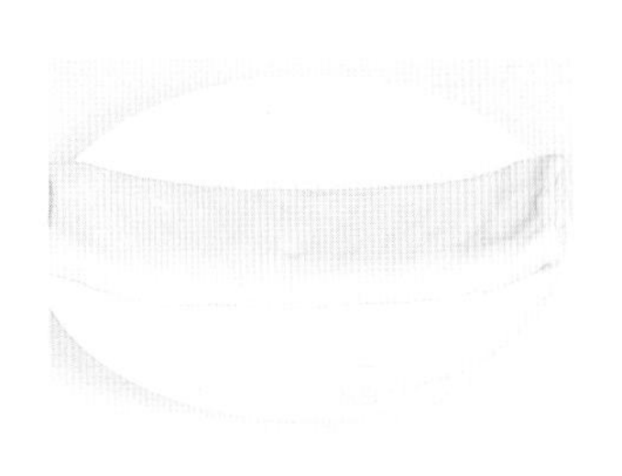

8. 将面皮放入有少许低筋面粉的盘中，冷藏10分钟，将上述步骤重复操作三次。

9. 在操作台上撒少许低筋面粉，放上冷藏过的面皮，用擀面杖将面皮擀薄。

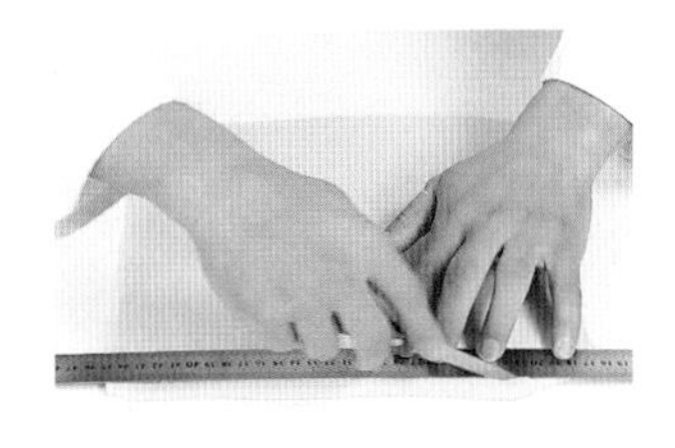

10. 将量尺放在面皮边缘，用刀将面皮边缘切平整，再把面皮对半切开。

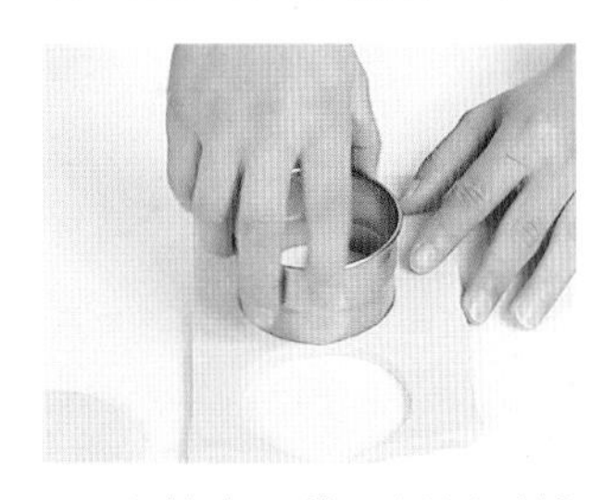

11. 取其中一块，用圆形模具压出圆形面皮。

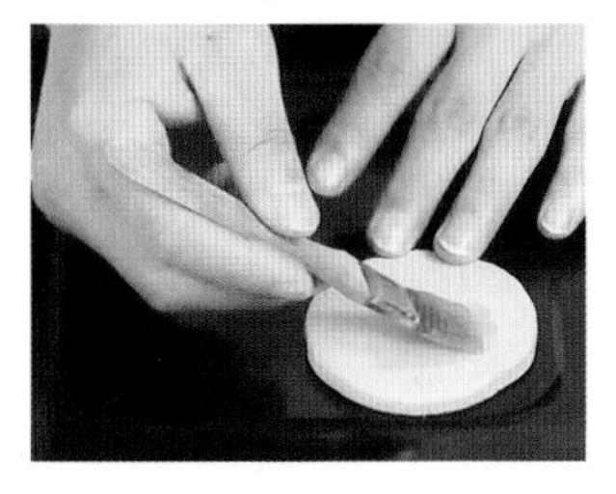

12. 在一块面皮上刷蛋黄液，放上另一块面皮，轻压一下。

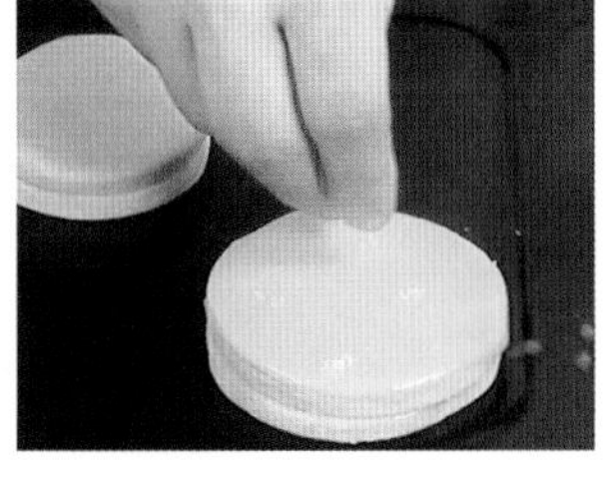

13. 再刷上蛋黄液，制成生坯，在生坯上撒细砂糖。

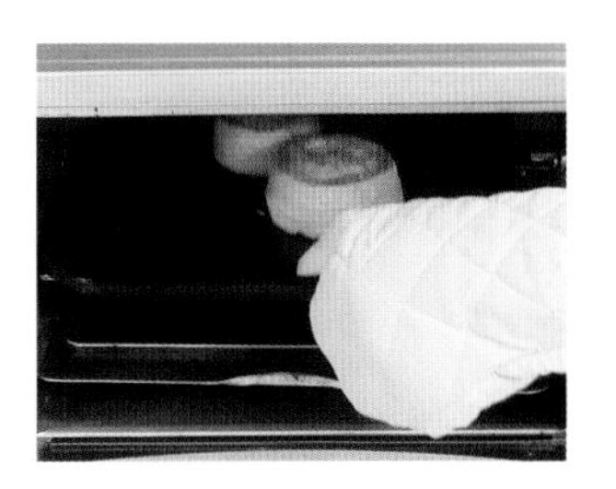

14. 烤盘放入烤箱中，上下火各200℃烤20分钟至熟。

双色漩涡饼干

扫一扫看视频

难易程度： 难
烤　　制： 上火 180℃
下火 180℃
烤制时间： 15 分钟

原料：

黄油……………130 克
香芋色香油………适量
低筋面粉………205 克
糖粉……………65 克

工具：

刮板 1 个
筛网 1 个
擀面杖 1 根
烤箱 1 台

通关密码

小剂子的厚度要切得均匀，这样烤出的饼干口感更佳。

制作方法：

1. 把黄奶油、糖粉混合均匀，揉搓成面团。

2. 将低筋面粉过筛至揉好的面团上。

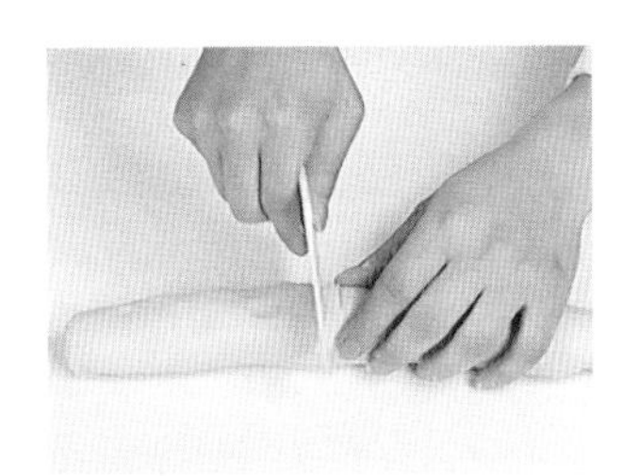

3. 按压，拌匀，揉搓成面团，将面团揉搓成长条，切两半。

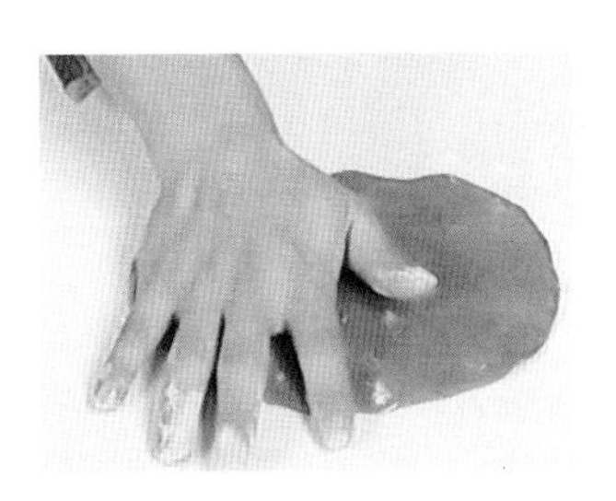

4. 取其中一半，压平，倒入香芋色香油，按压，揉搓成香芋面团，再压扁。

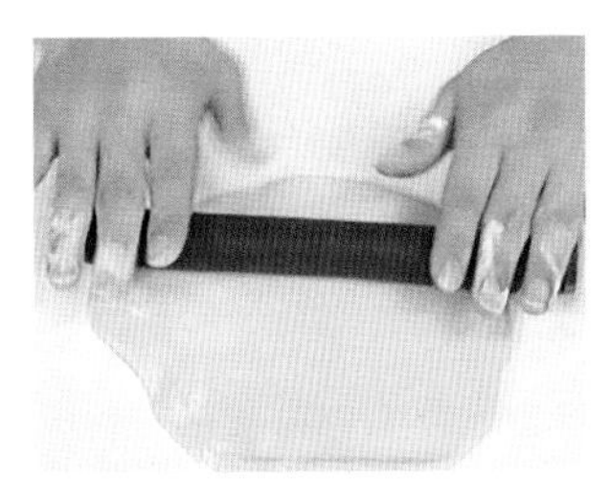

5. 用擀面杖将另一半面团擀成薄片。

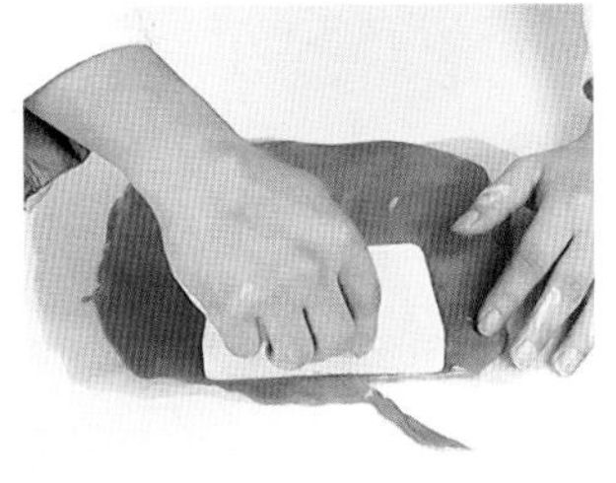

6. 放上香芋面皮，按压一下，用刮板切整齐。

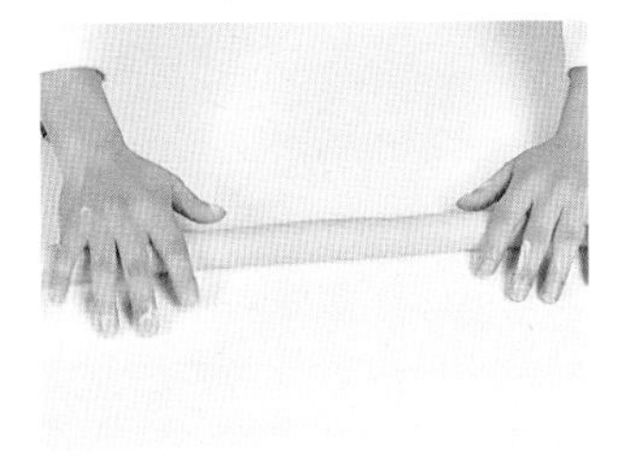

7. 将面皮卷成卷，揉搓成呈细长条。

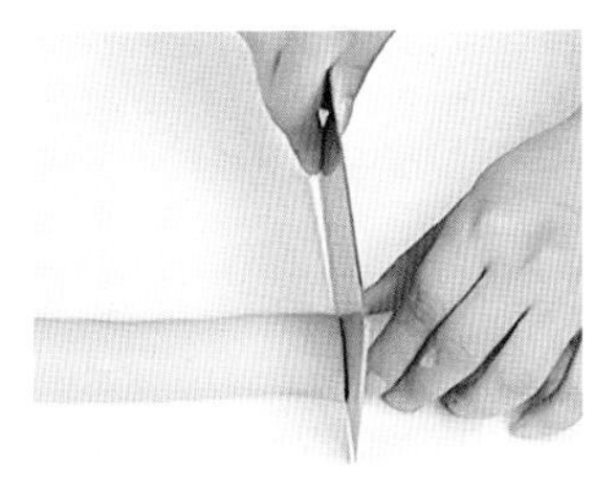

8. 切去两端不平整的部分，再将面团对半切开。

9. 取其中一半，用保鲜膜包好，放入冰箱，冷冻30分钟。

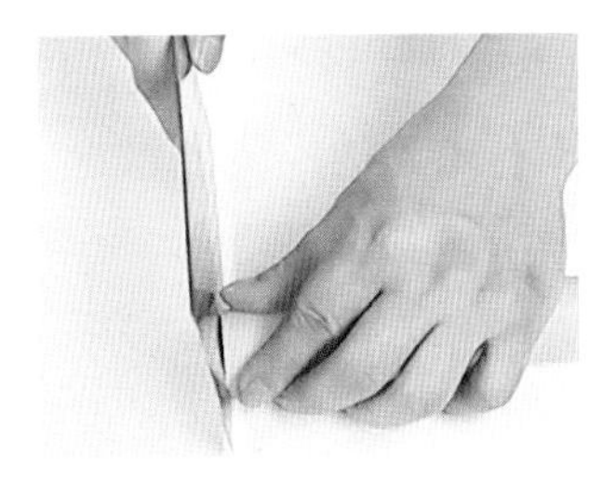

10. 取出冷冻好的材料，撕开保鲜膜，把一端切整齐。

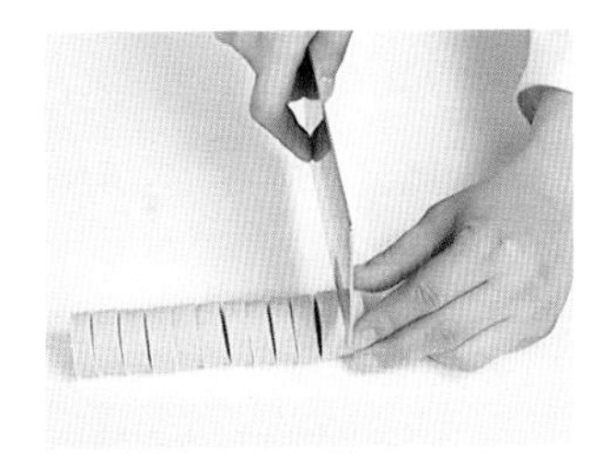

11. 再切成厚度为0.5厘米的小剂子。

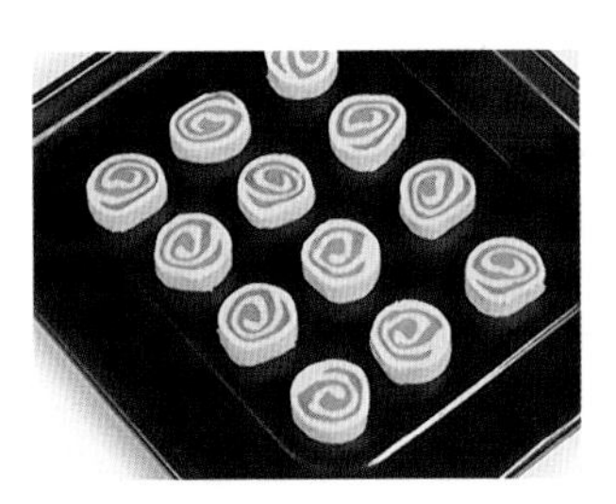

12. 放入烤盘中。

13. 将烤盘放入烤箱，以上下火180℃烤15分钟至熟。

14. 从烤箱中取出烤盘，装入盘中即可。

猕猴桃小饼干

扫一扫看视频

难易程度： 难

烤　　制： 上火 170℃

下火 170℃

烤制时间： 15 分钟

原料：

低筋面粉…………275 克

黄奶油……………150 克

糖粉………………100 克

鸡蛋…………………50 克

抹茶粉………………8 克

可可粉………………5 克

吉士粉………………5 克

黑芝麻……………… 适量

工具：

刮板 1 个

擀面杖 1 根

烤箱 1 台

制作方法：

1. 把低筋面粉倒在案台上，用刮板开窝。

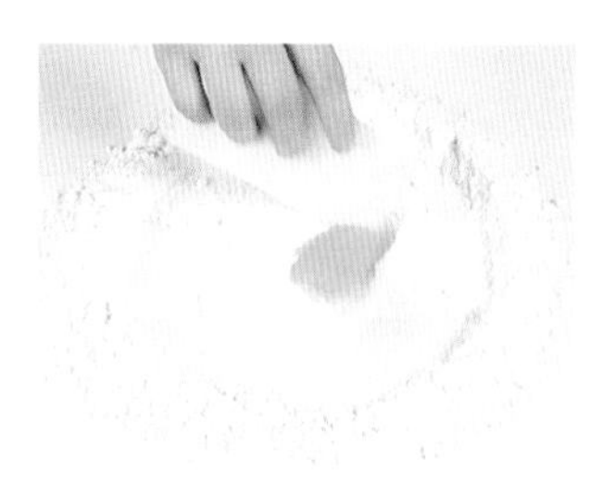

2. 倒入糖粉，加入鸡蛋，搅拌均匀。

通关密码

揉搓材料时不需要过分用力，以免面团过硬，影响饼干的口感。

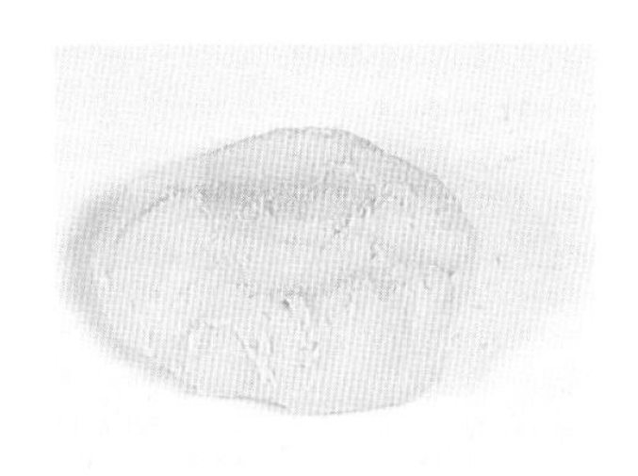

3. 加入黄奶油，将材料混合均匀，揉搓成面团。

4. 把面团分成三份，取其中一个面团，加入吉士粉，揉搓均匀。

5. 取另一个面团，加入可可粉，揉搓均匀。

6. 将最后一个面团加入抹茶粉，揉搓均匀。

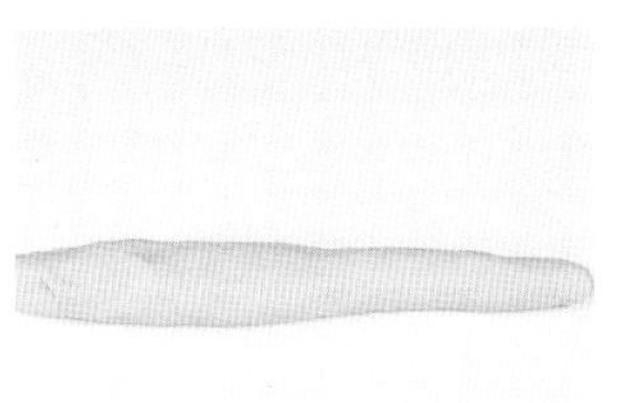

7. 将吉士粉面团搓成条状。

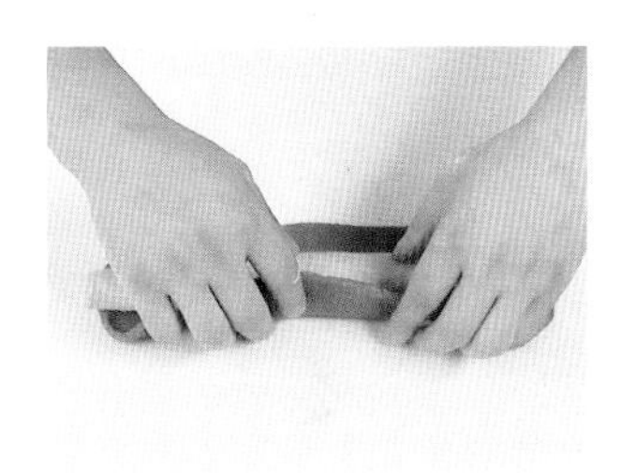

8. 把抹茶粉面团擀成面皮，放入吉士粉面条，卷好。

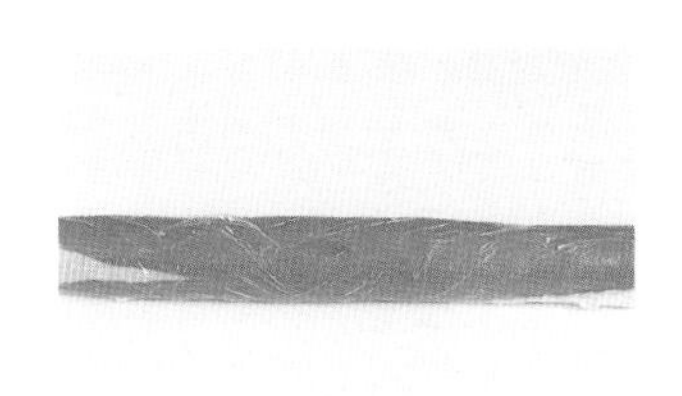

9. 再裹上保鲜膜，放入冰箱，冷冻 2 小时至定形。

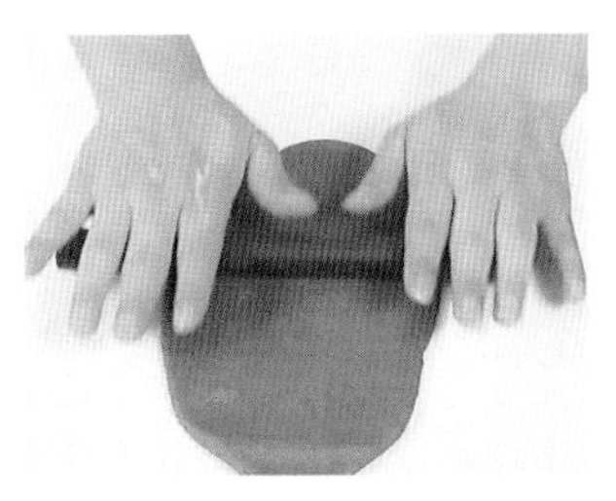

10. 取出冻好的面条，撕去保鲜膜，把可可粉面团擀成面皮。

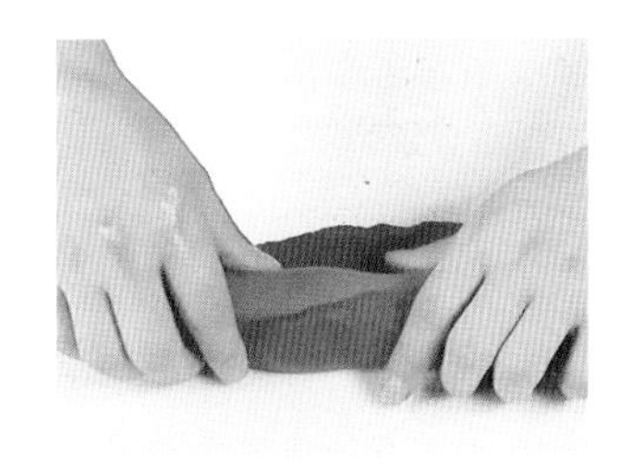

11. 放入冻好的面条，裹好，制成三色面条。

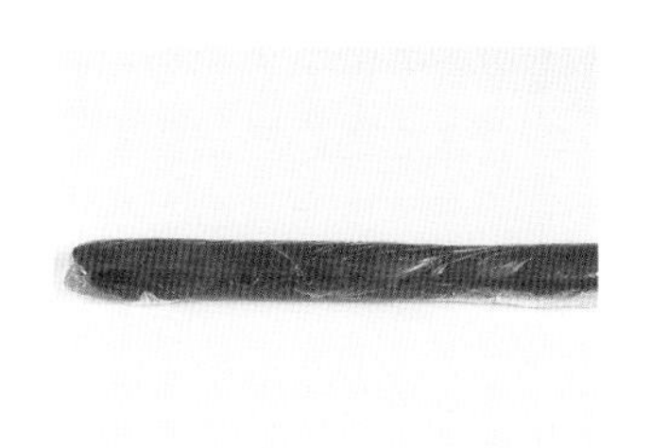

12. 把三色面条裹上保鲜膜，放入冰箱，冷冻 2 小时至其定形。

13. 取出面条，切成饼坯，缀上黑芝麻，放入烤盘里。

14. 将烤盘放入烤箱，上下火各 170℃烤 15 分钟至熟。

四色棋格饼干

难易程度： 难

烤　　制： 上火 160℃

下火 160℃

烤制时间： 15 分钟

原料：

香草面团：

低筋面粉..........150 克
黄奶油................80 克
糖粉....................60 克
鸡蛋....................25 克
香草粉..................2 克

巧克力面团：

低筋面粉............78 克
可可粉...............12 克
黄奶油...............48 克
糖粉....................36 克
鸡蛋....................15 克

红曲面团：

低筋面粉............78 克
红曲粉...............12 克
黄奶油...............48 克
糖粉....................36 克
鸡蛋....................15 克

抹茶面团：

低筋面粉............78 克
抹茶粉...............12 克
黄奶油...............48 克
糖粉....................36 克
鸡蛋....................15 克

工具：

刮板 1 个
刷子 1 把
烤箱 1 台

通关密码

将面团冷冻至硬后再切，这样不易变形。

制作方法：

1. 低筋面粉与香草粉混合，刮板开窝，倒入白糖、蛋清。

2. 搅匀后倒入黄油，将材料混合均匀，揉搓成面团。

3. 把低筋面粉倒在案台上，放入可可粉，用刮板开窝。

4. 倒入白糖、鸡蛋，用刮板搅匀，加入黄油，将材料混合均匀。

5. 揉搓成纯滑的面团，再用手压成面片。把做好的香草面团压平，刷上一层蛋黄。

6. 放上压好的巧克力面团。

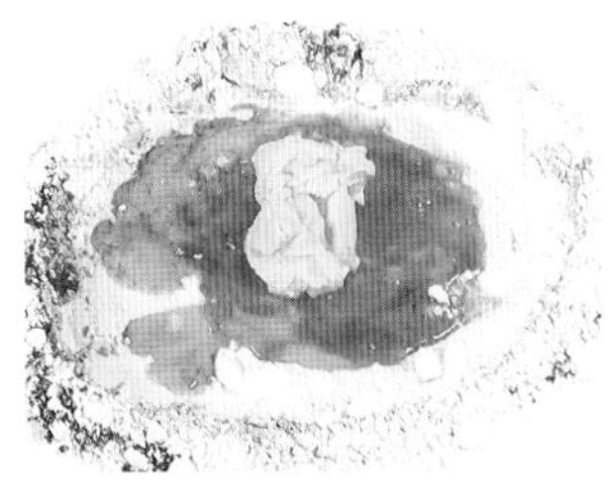

7. 低筋面粉倒在案台上，加入红曲粉开窝，加糖粉、鸡蛋、黄奶油混匀，揉成面团。

8. 把低筋面粉倒在案台上，加入抹茶粉开窝，倒入糖粉、鸡蛋清、黄油，混匀，揉成面团。

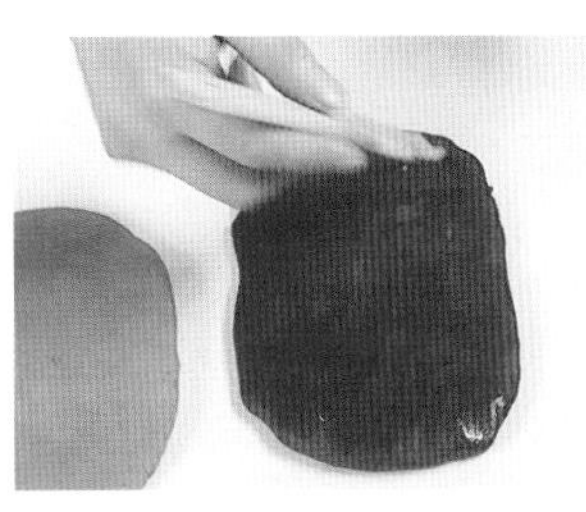

9. 用手压成面片后将红曲面团也压平，刷上一层蛋黄。盖上压好的抹茶面团，压平。

10. 将红曲面团和抹茶面团用保鲜膜包裹好，放入冰箱，冷冻至定形。

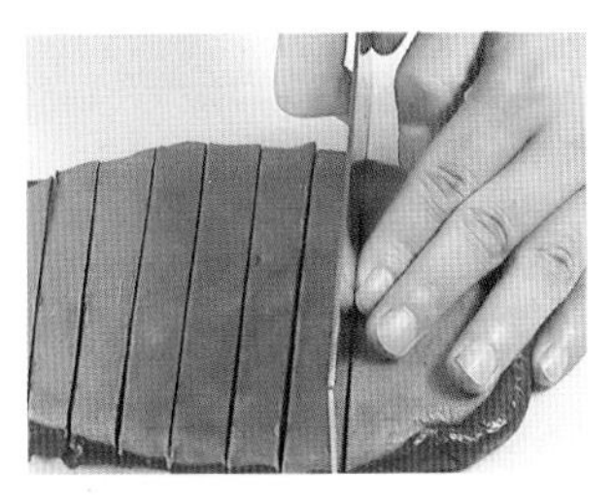

11. 取出冻好的面皮，去掉保鲜膜，切成 1.5 厘米宽的条状。

12. 将香草和巧克力面皮切成 1.5 厘米宽的条状。

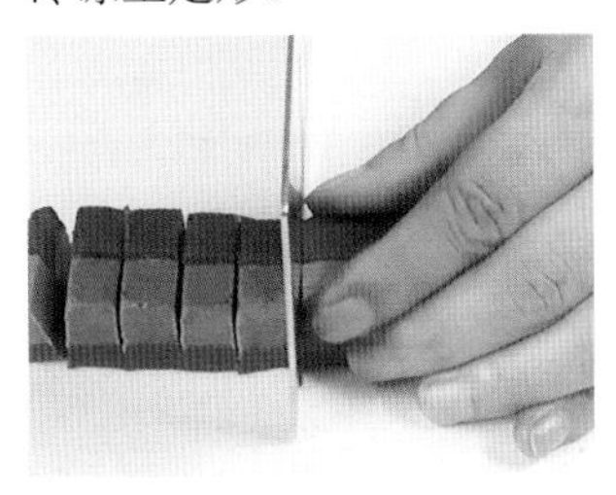

13. 切好的四种面皮并在一起，切成方块，制成饼坯。

14. 烤盘铺不沾油布，放饼坯，上下火 160℃烤 15 分钟。

Part 3
蛋糕

蛋糕，它那松软绵滑的口感、精致诱人的外形、
甜而不腻的美味，给人一种幸福美满的感觉，
而它也总是寄托着我们各种各样的祝福和爱意，
生日蛋糕、满月蛋糕、结婚蛋糕……

自己打发、烘焙、装饰，
一步一步亲手制作的爱心蛋糕
更是充盈着你最真切的爱。

本章将详细介绍多款常见蛋糕的具体烘焙方法，
让你在家也可以做出美味的蛋糕。

提拉米苏

通关密码

煮的时候要不停地搅拌，以免煮焦煳锅。

原料：

吉利丁片……………4 片
植物鲜奶油 ……200 克
芝士………………250 克
蛋黄…………………15 克
细砂糖 ……………57 克
水 ………………… 50 毫升
手指饼干…………… 适量
可可粉 …………… 适量

工具：

奶锅 1 个
保鲜袋 1 个
擀面杖 1 根
蛋糕模具 1 个
筛网 1 个

难易程度：易
冷　　藏：0~5℃
冷藏时间：60 分钟

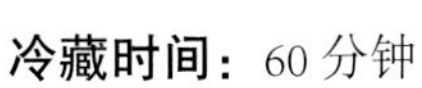

制作方法：

1. 奶锅中倒入细砂糖、水，小火搅拌至溶化。

2. 将备好的吉利丁片放入水中，泡软。

3. 将泡软的吉利丁片放入奶锅，搅至溶化。

4. 再加入植物鲜奶油、芝士，搅拌片刻使食材完全溶化。

5. 关火，倒入备好的蛋黄，稍稍搅拌一会儿，使食材充分混合。

6. 取一个保鲜袋撑开，将手指饼干装入，用擀面杖敲打至粉碎。

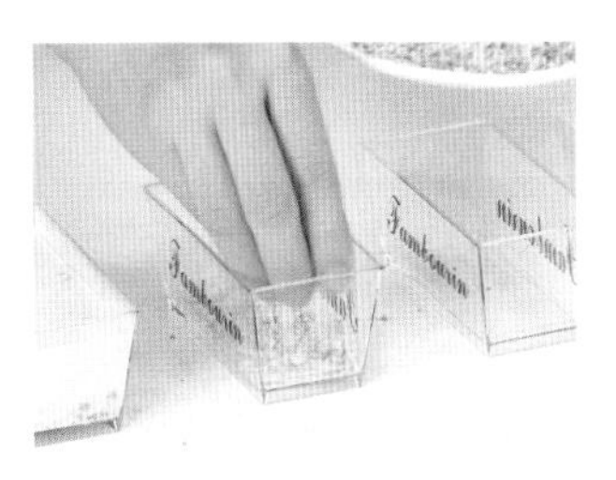

7. 将饼干碎均匀地铺在模具的底部。

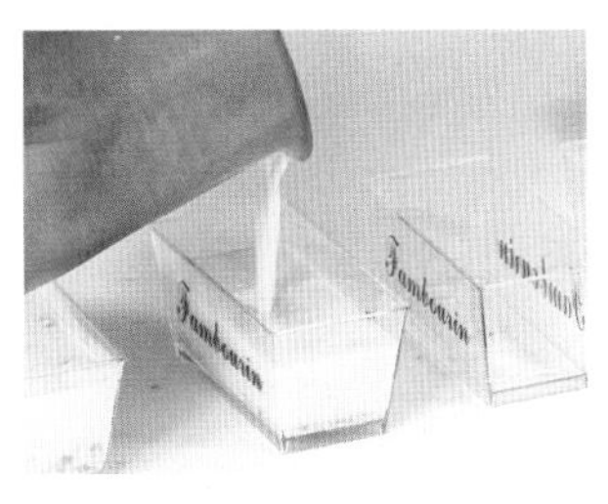

8. 倒入调好的芝士糊，放凉后冷藏 1 小时，取出，将可可粉过筛在蛋糕上即可。

枕头戚风蛋糕

扫一扫看视频

难易程度： 易

烤　　制： 上火 180℃

　　　　　　下火 160℃

烤制时间： 25 分钟

原料：

鸡蛋……………………4 个

蛋黄部分：

低筋面粉…………70 克

玉米淀粉…………55 克

泡打粉………………2 克

清水……………70 毫升

色拉油………… 55 毫升

细砂糖……………28 克

蛋白部分：

细砂糖……………97 克

泡打粉………………3 克

工具：

搅拌器 1 个

长柄刮板 1 个

筛网 1 个

电动搅拌器 1 个

模具 1 个

小刀 1 把

烤箱 1 台

通关密码

可以用牙签从蛋糕中心插下去，出来时如果牙签是干净的，说明蛋糕已熟。

制作方法：

1. 鸡蛋分离，将蛋黄、蛋白分别装入两个玻璃碗中。

2. 低筋面粉、玉米淀粉、泡打粉过筛至蛋黄中，拌匀。

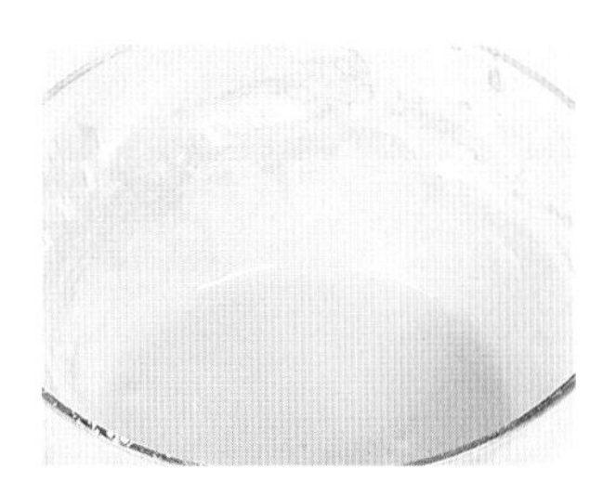

3. 再倒入清水、色拉油、细砂糖，搅拌均匀，至无细粒即可。

4. 取装有蛋白的玻璃碗，用电动搅拌器打至起泡。

5. 倒入细砂糖，搅拌均匀。

6. 将泡打粉倒入碗中，拌匀至其呈鸡尾状。

7. 用长柄刮板将适量蛋白倒入装有蛋黄的玻璃碗中，搅拌均匀。

8. 再将拌好的蛋黄倒入剩余的蛋白中，搅拌均匀，制成面糊。

9. 用长柄刮板将面糊倒入模具中。

10. 将容器放入烤盘，再放入烤箱中。

11. 调成上火 180℃、下火 160℃，烤 25 分钟，至其呈金黄色。

12. 从烤箱中取出烤盘。

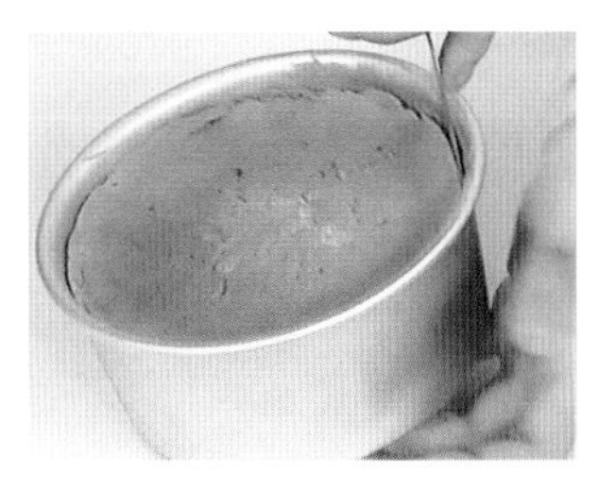

13. 铺一张白纸，用小刀沿着模具的边缘刮一圈。

14. 倒在白纸上，去除模具底部即可。

法式海绵蛋糕

扫一扫看视频

难易程度： 易

烤　　制： 上火 180℃

　　　　　下火 180℃

烤制时间： 20 分钟

原料：

鸡蛋……………………6 个

低筋面粉…………200 克

细砂糖……………150 克

黄奶油………………50 克

蛋糕油………………10 克

工具：

玻璃碗 1 个

电动搅拌器 1 个

长柄刮刀 1 个

隔热手套 1 个

蛋糕刀 1 把

烘焙纸 1 张

烤箱 1 台

制作方法：

1. 鸡蛋打入碗中，加细砂糖，用电动搅拌器拌匀。

2. 加入低筋面粉、蛋糕油，用电动搅拌器快速拌匀。

通关密码

蛋糕烤好后，趁热将烘焙纸撕去。撕的动作应轻、慢，以保持蛋糕的完整外观。

3. 最后加入黄油，快速搅拌均匀。

4. 搅拌成纯滑的面浆即可。

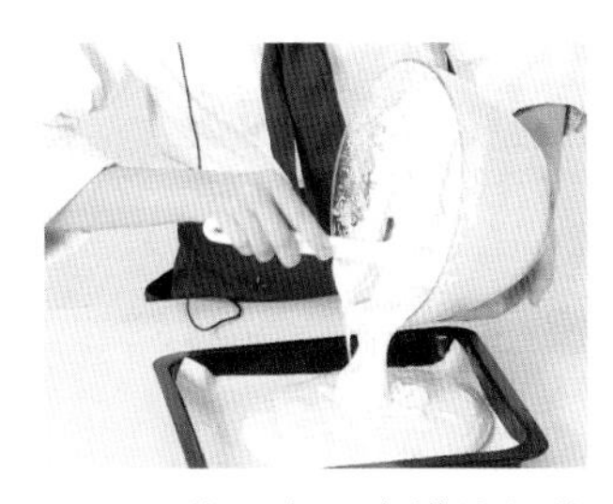

5. 把面浆倒在垫有烘焙纸的烤盘里。

6. 用长柄刮刀抹平整。

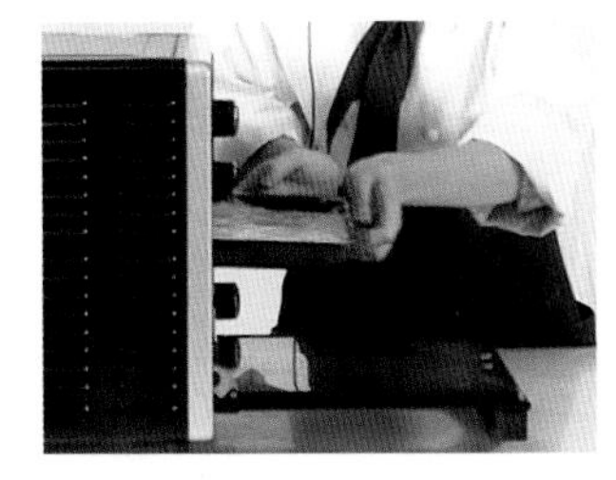

7. 将烤盘放入烤箱中。

8. 烤箱上火调为 180℃，下火调为 180℃，烘烤时间设为 20 分钟，开始烘烤。

9. 戴上隔热手套，打开箱门，把烤好的蛋糕取出。

10. 脱模，把蛋糕放在案台烘焙纸上。

11. 撕掉蛋糕底部的烘焙纸。

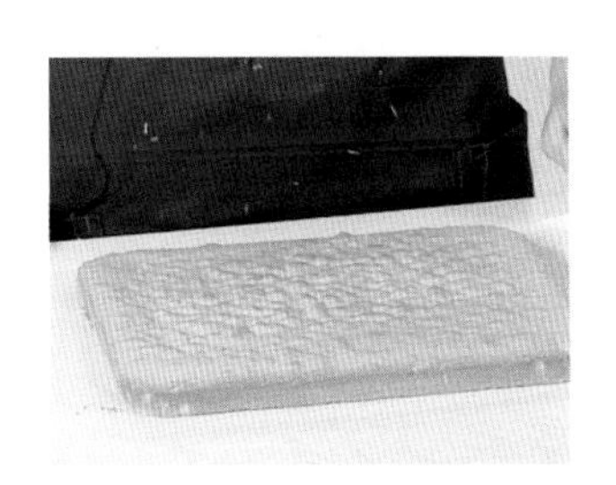

12. 将蛋糕翻面。

13. 用蛋糕刀将蛋糕边缘切齐整。

14. 把蛋糕切成小方块，将切好的蛋糕装在盘中即可。

玛芬蛋糕

扫一扫看视频

难易程度： 易

烤　　制： 上火 190℃

下火 170℃

烤制时间： 20 分钟

原料：

糖粉……………160 克

鸡蛋……………220 克

低筋面粉………270 克

牛奶…………… 40 毫升

盐 ……………………3 克

泡打粉 ………………8 克

溶化的黄奶油…150 克

工具：

电动搅拌器 1 个

裱花袋 1 个

筛网 1 个

蛋糕纸杯 6 个

剪刀 1 把

烤箱 1 台

通关密码

倒入牛奶时要不停搅拌，这样口感更均匀。

制作方法：

1. 将鸡蛋、糖粉、盐倒入大碗中。

2. 用电动搅拌器搅拌均匀。

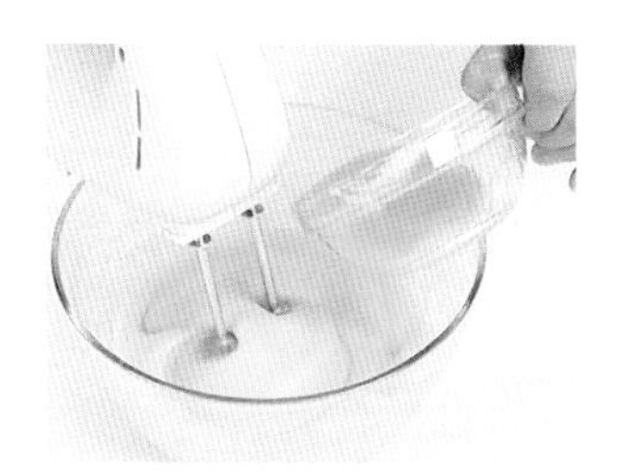

3. 倒入溶化的黄奶油，搅拌均匀。

4. 将低筋面粉过筛放至大碗里面。

5. 把泡打粉过筛至大碗中。

6. 用电动搅拌器搅拌均匀。

7. 倒入牛奶，并不停搅拌。

8. 制成面糊，待用。

9. 将面糊倒入裱花袋中。

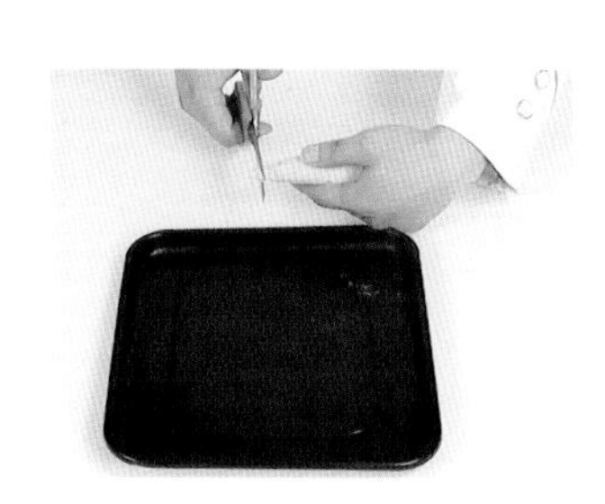

10. 在裱花袋尖端部位剪开一个小口。

11. 把蛋糕纸杯放入烤盘中。

12. 挤入适量面糊至七分满。

13. 入烤箱，以上火 190℃、下火 170℃烤 20 分钟至熟。

14. 从烤箱中取出烤盘即可。

巧克力麦芬蛋糕

扫一扫看视频

难易程度： 易
烤　　制： 上火 190℃
下火 170℃
烤制时间： 20 分钟

原料：

糖粉……………160 克
鸡蛋……………220 克
低筋面粉………270 克
牛奶…………… 40 毫升
盐 ……………………3 克
泡打粉 ………………8 克
溶化的黄奶油…150 克
可可粉 ………………8 克

工具：

玻璃碗 1 个
电动搅拌器 1 个
长柄刮板 1 个
裱花袋 1 个
筛网 1 个
蛋糕纸杯 6 个
剪刀 1 把
烤箱 1 台

通关密码

面糊挤入模具中以七分满为宜，不能太多，否则容易溢出来。

制作方法：

1. 取一个大碗，将鸡蛋、糖粉、盐先后倒入碗中。

2. 用电动搅拌器搅拌均匀。

3. 倒入溶化的黄奶油，搅拌匀。

4. 将低筋面粉过筛至大碗。

5. 把泡打粉过筛至大碗中。

6. 用电动搅拌器搅拌均匀。

7. 倒入牛奶，并不停地搅拌均匀。

8. 制成面糊，待用。

9. 取适量面糊，加入可可粉。

10. 用电动搅拌器搅拌均匀。

11. 取一个裱花袋，将面糊装入裱花袋中，收紧袋口。

12. 把蛋糕纸杯放入烤盘中。

13. 在裱花袋尖端剪小口，面糊挤入纸杯，至七分满。

14. 入烤箱，以上火190℃、下火170℃烤20分钟，即可。

草莓慕斯蛋糕

扫一扫看视频

难易程度： 中
冷　　藏： 0~5℃
冷藏时间： 120 分钟

原料：

蛋糕体部分：

低筋面粉…………70 克
玉米淀粉…………55 克
泡打粉………………5 克
清水……………70 毫升
色拉油…………55 毫升
细砂糖…………120 克
草莓……………150 克
鸡蛋………………4 个

慕斯浆部分：

吉利丁片……………2 块
牛奶…………250 毫升
鲜奶油…………250 克
细砂糖……………25 克
朗姆酒……………适量

工具：

玻璃碗 2 个
筛网 1 个
长柄刮板 1 个
蛋糕模具 1 个
小刀 1 把
烘焙纸 1 张
烤箱 1 台

通关密码

切慕斯的时候，先把刀在火上烤一下，会切得更整齐。

制作方法：

1. 将蛋黄、蛋清分离，分别盛入碗中。

2. 低筋面粉、淀粉、2 克泡打粉过筛至蛋黄，拌匀。

3. 倒入水、色拉油、30 克细砂糖拌匀。

4. 将 90 克细砂糖、3 克泡打粉和蛋清拌匀。

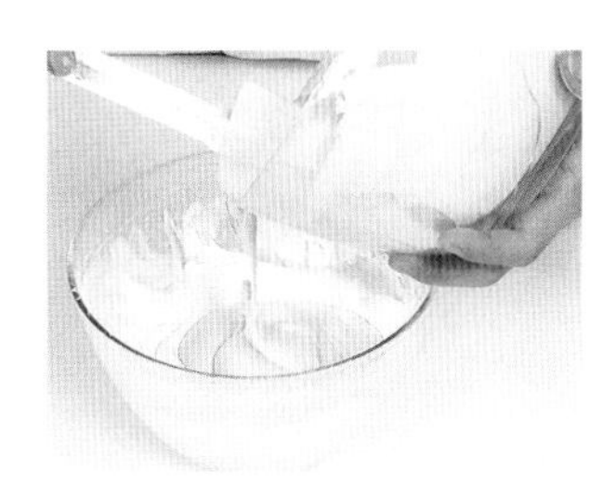

5. 用长柄刮板将蛋白与蛋黄部分搅成面糊。

6. 将面糊倒入模具中，再进烤箱中以上火 180℃、下火 160℃，烤 25 分钟。

7. 取出烤盘，去掉蛋糕皮，用刀平切成 3 块。

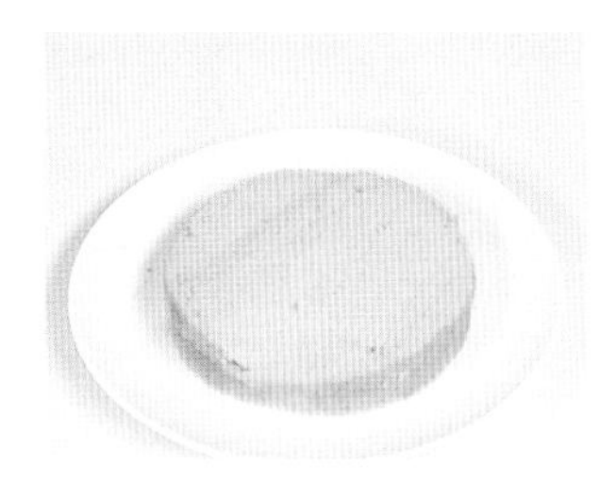

8. 取其中 2 块装入盘中。

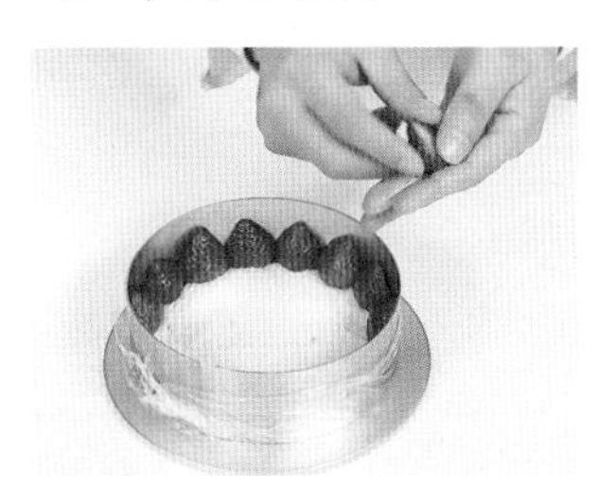

9. 将剩下的 1 块蛋糕放入圆形模具中，草莓依次对半切开，沿着模具边缘摆上草莓。

10. 锅置火上，倒入牛奶、细砂糖拌匀。

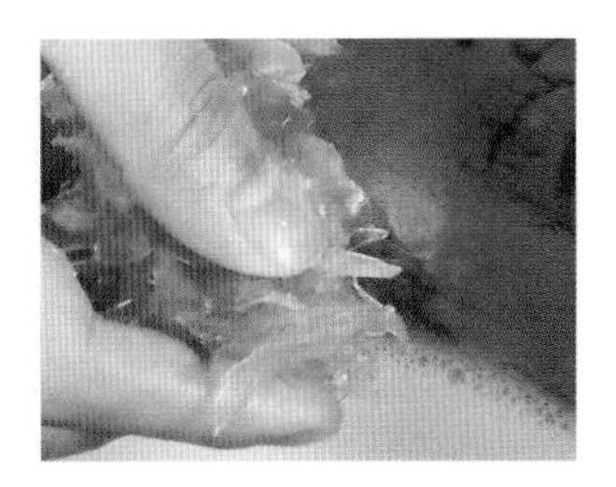

11. 吉利丁片放水中煮化。

12. 将吉利丁、鲜奶油、朗姆酒混匀成浆。

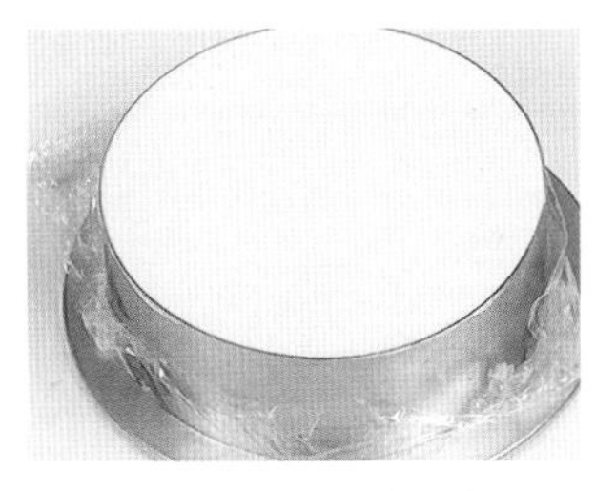

13. 一半浆倒模具中，抹匀，放一块蛋糕，加剩余浆。

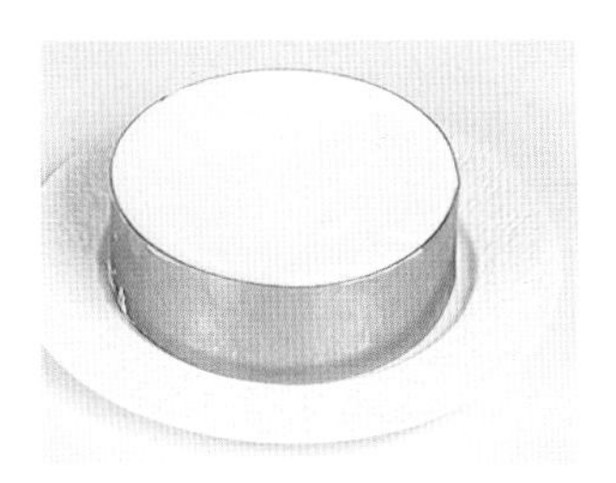

14. 蛋糕冷藏 2 小时，取出，脱模，装饰几颗草莓即可。

红豆天使蛋糕

扫一扫看视频

难易程度： 难

烤　　制： 上火 180℃

下火 150℃

烤制时间： 15 分钟

原料：

蛋白……………250 克
塔塔粉……………2 克
低筋面粉…………100 克
色拉油………… 50 毫升
细砂糖……………120 克
泡打粉……………3 克
红豆粒……………10 克
柠檬汁…………… 5 毫升
打发的鲜奶油……20 克
清水…………… 70 毫升

工具：

打蛋器 1 个
三角铁板 1 个
电动搅拌器 1 个
蛋糕刀 1 把
木棍 1 根

通关密码

蛋糕卷静置的时间可以稍微长一些，这样不易散开。

制作方法：

1. 碗中加入色拉油、低筋面粉、清水，用搅拌器拌匀。

2. 放入泡打粉、柠檬汁，拌至面糊状。

3. 另取一个碗，倒入蛋白，用电动搅拌器打至起泡。

4. 倒入适量细砂糖，拌匀，再倒入剩余的细砂糖,拌匀，倒入塔塔粉，继续搅拌。

5. 将适量拌好的蛋白倒入装有面糊的碗中，拌匀后将其倒入剩余的蛋白中，拌匀。

6. 取一个烤盘，铺上白纸，撒入红豆粒。

7. 倒入面糊，铺匀。

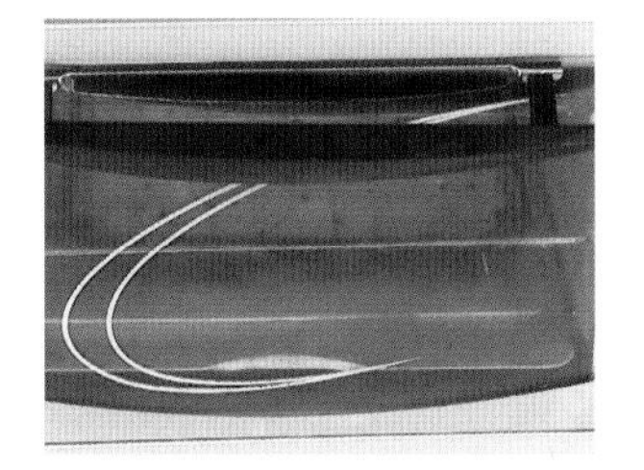

8. 将烤盘放入上火 180℃、下火 150℃的烤箱中，烤 15 分钟，至其呈金黄色。

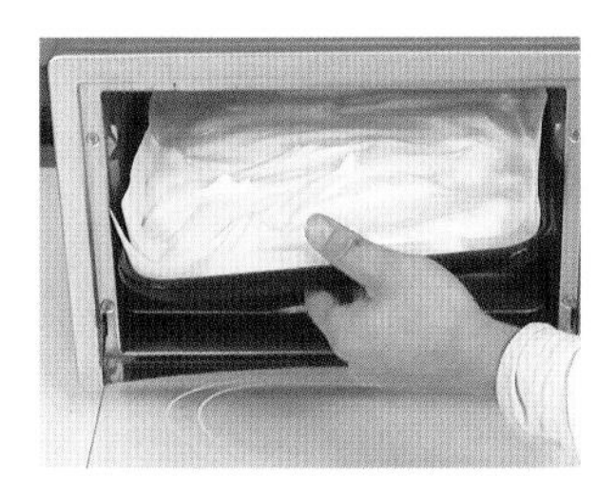

9. 取出烤盘，放置一会儿，至凉。

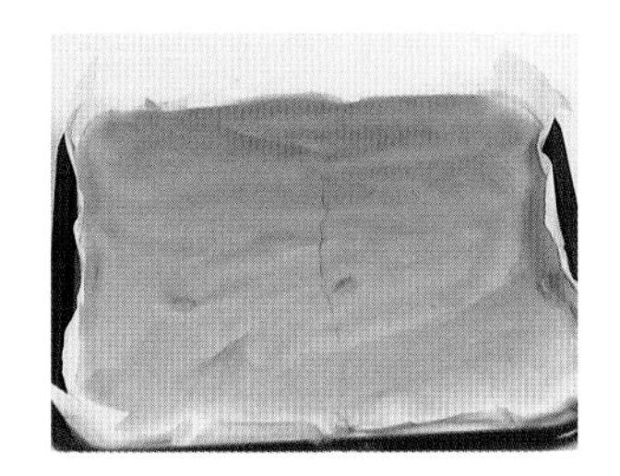

10. 从烤盘中取出蛋糕，倒放在白纸上。

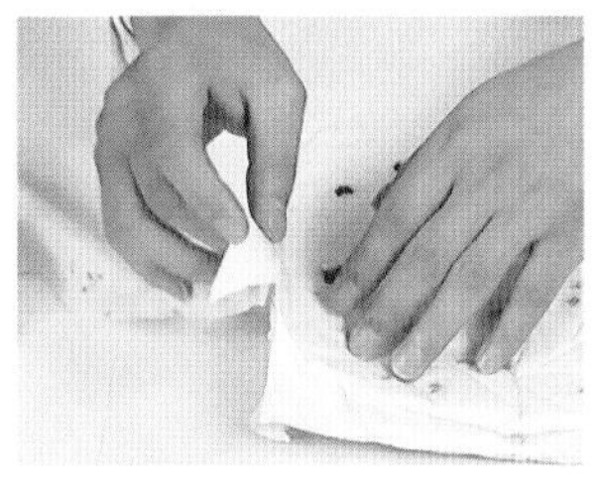

11. 撕去白纸。

12. 将蛋糕翻转过来，均匀地抹上鲜奶油。

13. 用木棍将白纸卷起，把蛋糕卷成筒状，静置 5 分钟。

14. 切去两边不整齐的部分，将蛋糕切成三等份，即可。

瑞士蛋糕

难易程度： 中

烤　　制： 上火 170℃

下火 190℃

烤制时间： 20 分钟

原料：

鸡蛋……………………4 个

低筋面粉…………125 克

细砂糖……………112 克

清水……………… 50 毫升

色拉油………… 37 毫升

蛋糕油……………10 克

蛋黄……………………2 个

打发的鲜奶油…… 适量

工具：

电动搅拌器 1 个

擀面杖 1 个

裱花袋 1 个

刮板 1 个

蛋糕刀 1 把

小刀 1 把

剪刀 1 把

木棍 1 根

制作方法：

1. 将鸡蛋倒入碗中。

2. 放入细砂糖，用电动搅拌器打发至起泡。

通关密码

在鸡蛋中加入少许醋，能使蛋白打发后更稳定，更加不易消泡。

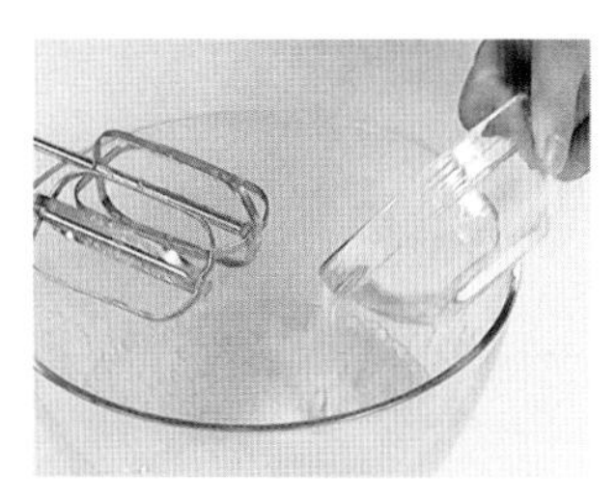

3. 倒入适量清水，放入低筋面粉、蛋糕油，搅拌均匀。

4. 倒入剩余的清水。

5. 加入色拉油，搅拌匀，制成面糊。

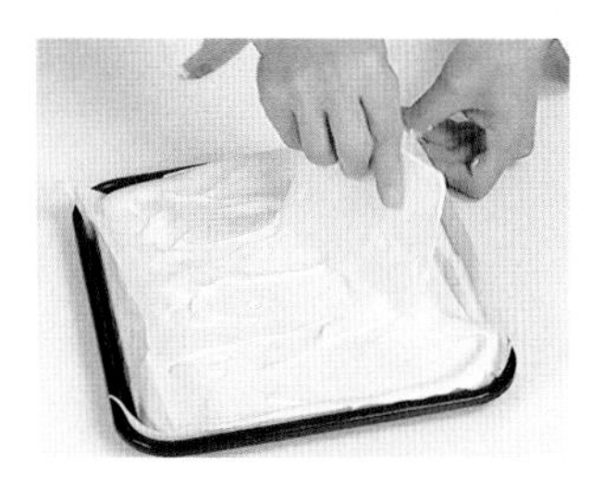

6. 取烤盘，铺上白纸，倒入面糊，用刮板将面糊抹匀，待用。

7. 用筷子将蛋黄拌匀，倒入裱花袋中，用剪刀将裱花袋尖端剪开。

8. 在面糊上快速地淋上蛋黄液，用筷子在面糊表层呈反方向划动。

9. 将烤盘放入烤箱中。

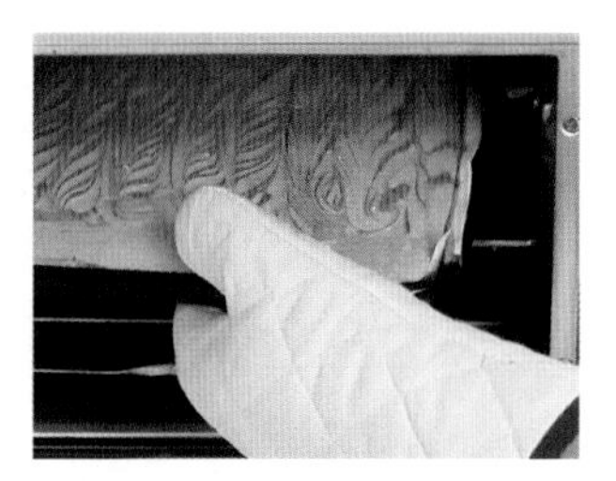

10. 把烤箱温度调成上火170℃、下火190℃，烤20分钟至熟，取出烤盘。

11. 在操作台上铺一张白纸，将蛋糕反铺在白纸上，撕掉粘在蛋糕上的白纸。

12. 在蛋糕表面均匀地抹上打发的鲜奶油。

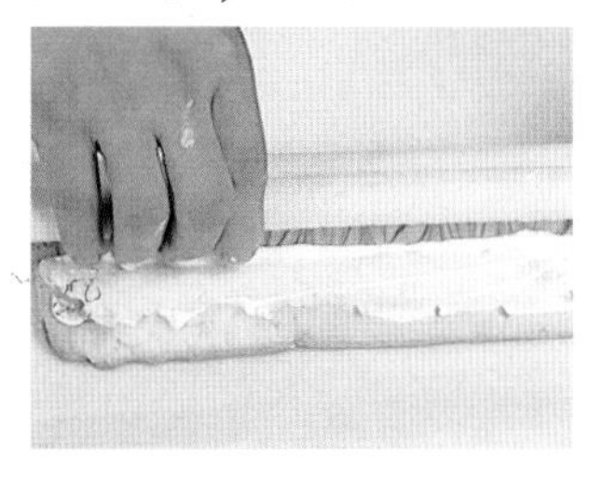

13. 用木棍将白纸卷起，把蛋糕卷成筒状，静置5分钟。

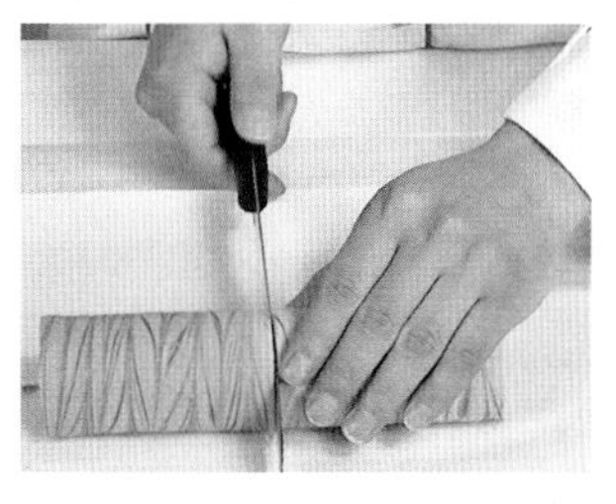

14. 切去两边不平整的部分，切成两等份，即可。

可可戚风蛋糕

扫一扫看视频

难易程度： 中

烤　　制： 上火 180℃

下火 160℃

烤制时间： 20 分钟

原料：

可可粉……………15 克

打发的鲜奶油……40 克

蛋白部分：

细砂糖……………95 克

蛋白…………………3 个

塔塔粉………………2 克

蛋黄部分：

蛋黄…………………3 个

色拉油………… 30 毫升

低筋面粉…………60 克

玉米淀粉…………50 克

泡打粉………………2 克

细砂糖……………30 克

清水…………… 30 毫升

工具：

电动搅拌器 1 个

搅拌器 1 个

三角铁板 1 个

木棍 1 根

蛋糕刀 1 把

通关密码

蛋糊中加入粉类拌匀时要用慢速，否则易起筋和消泡。

制作方法：

1. 清水、细砂糖、低筋面粉、淀粉倒入容器中，拌匀。

2. 倒入色拉油，搅拌均匀。

3. 加入塔塔粉、可可粉，搅拌均匀。

4. 再加入蛋黄，搅拌成糊状。

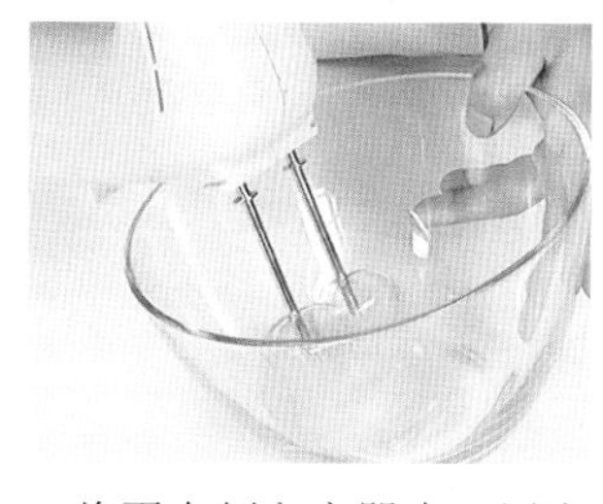

5. 将蛋白倒入容器中，用电动搅拌器快速打至发白。

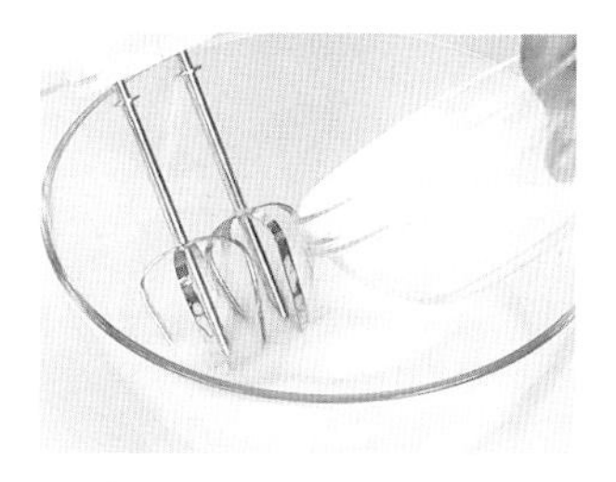

6. 放入细砂糖，搅拌均匀。

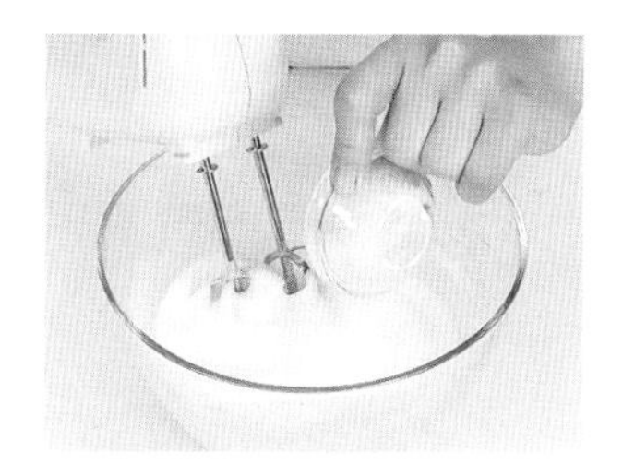

7. 加入塔塔粉，快速打发至鸡尾状。

8. 用长柄刮板将一半的蛋白倒入拌好的蛋黄中，拌匀。

9. 将拌好的材料倒入剩余的蛋白中，拌匀。

10. 把混合好的材料倒入铺有白纸的烤盘中，抹均匀，震平。

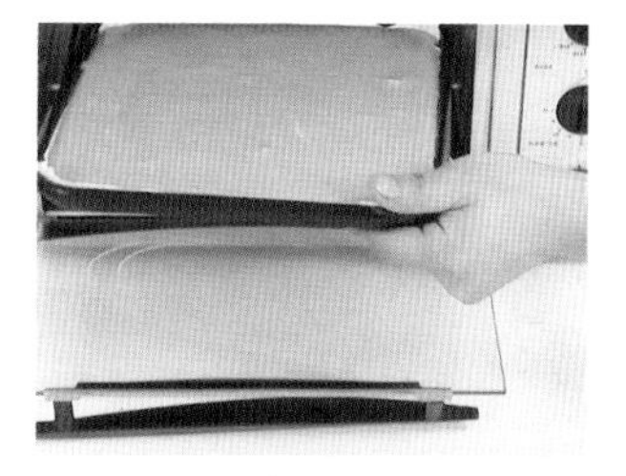

11. 将烤箱温度调成上火180℃、下火160℃，放入烤盘，烤20分钟，至其熟透。

12. 蛋糕倒置在白纸上，撕去白纸，抹上鲜奶油。

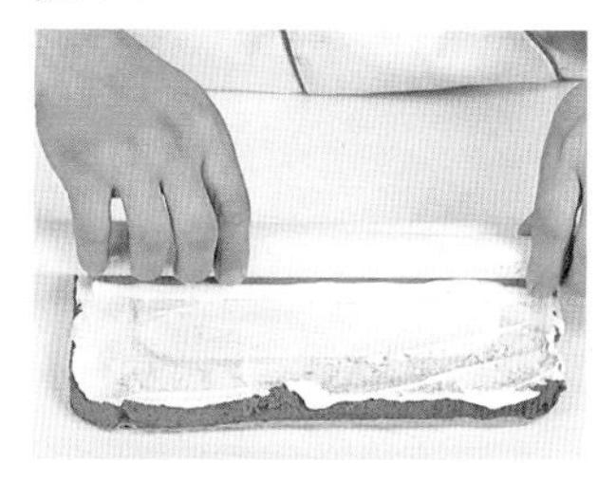

13. 用木棍将白纸卷起，把蛋糕卷成圆筒状。

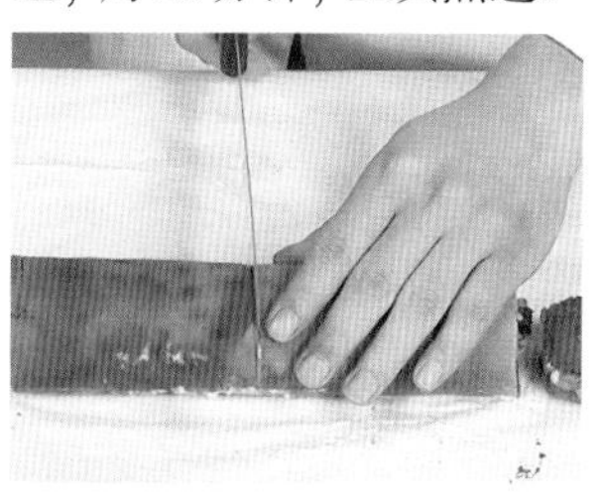

14. 切除蛋糕两头，再切成四等份，即可。

红豆戚风蛋糕

通关密码

卷好的蛋卷可以轻轻地压一下，以免蛋卷散开。

原料：

打发的植物奶油 … 适量
红豆粒 ……………… 适量
透明果胶 …………… 适量
椰丝 ………………… 适量
蛋黄 …………………5 个
细砂糖 ……………125 克
低筋面粉 …………70 克
玉米淀粉 …………55 克
泡打粉 ………………2 克
水 ……………… 70 毫升
色拉油 ………… 55 毫升
蛋清 …………………5 个
塔塔粉 ………………3 克

难易程度： 中
烤　　制： 上火 180℃、下火 160℃
烤制时间： 20 分钟

扫一扫看视频

制作方法：

1. 将蛋黄、色拉油装碗，搅拌均匀。

2. 将低筋面粉、玉米淀粉、泡打粉过筛入碗，加水、28 克细砂糖拌匀备用。

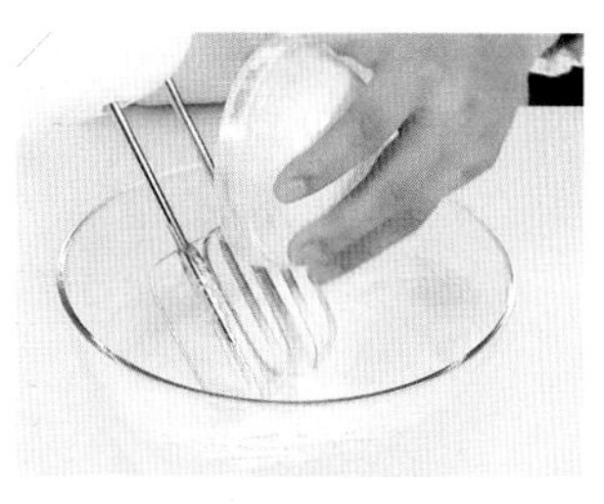
3. 蛋清倒入另一个碗中打发，加 97 克细砂糖、塔塔粉，拌匀。

4. 将拌好的两部分充分搅匀成面糊。

5. 倒入铺有烘焙纸的烤盘中，撒上红豆粒。

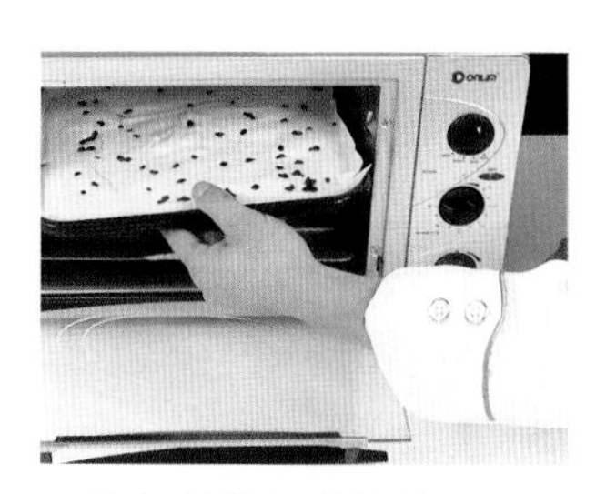
6. 放入预热好的烤箱，以上火 180℃、下火 160℃烤 20 分钟。

7. 取出蛋糕，在蛋糕表面抹上植物鲜奶油。

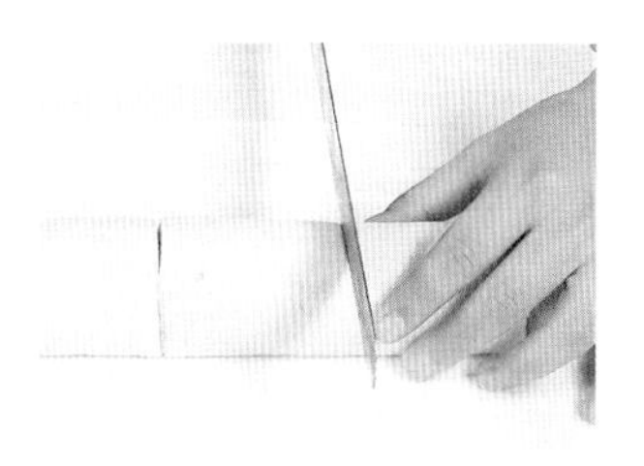
8. 将蛋糕卷起，切成三等份，刷上果胶，粘上椰丝即可。

熔岩蛋糕

难易程度： 难

烤　　制： 上火 180℃

下火 200℃

烤制时间： 20 分钟

原料：

黑巧克力…………70 克
黄奶油……………50 克
低筋面粉…………30 克
细砂糖……………20 克
鸡蛋…………………1 个
蛋黄…………………1 个
朗姆酒………… 5 毫升
糖粉………………… 适量

工具：

筛网 1 个
搅拌器 1 个
刷子 1 把
模具 3 个
烤箱 1 台

通关密码

可以将面粉过筛，这样制作出的蛋糕口感更细腻。

制作方法：

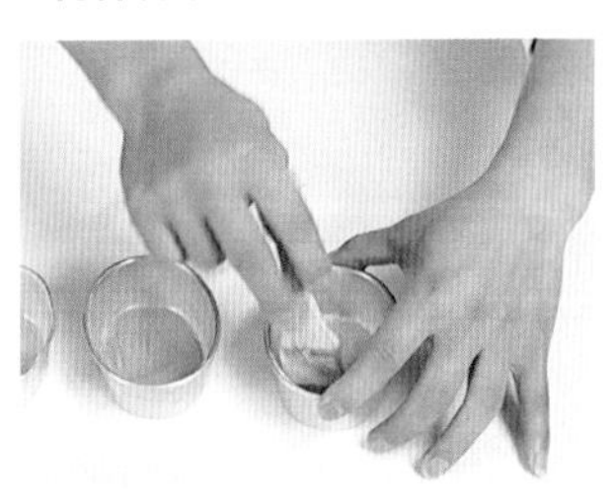

1. 用刷子在模具内侧刷上适量黄奶油。

2. 撒入少许低筋面粉，摇晃均匀。

3. 取一玻璃碗，倒入黑巧克力，隔水加热。

4. 放入黄奶油。

5. 搅拌至食材溶化后关火。

6. 另取一个玻璃碗，倒入蛋黄、鸡蛋、细砂糖、朗姆酒，用搅拌器搅拌均匀。

7. 倒入低筋面粉，快速搅拌均匀。

8. 倒入溶化的黑巧克力，搅拌均匀。

9. 将拌好的材料倒入模具中，至五分满即可。

10. 将模具放入烤盘中。

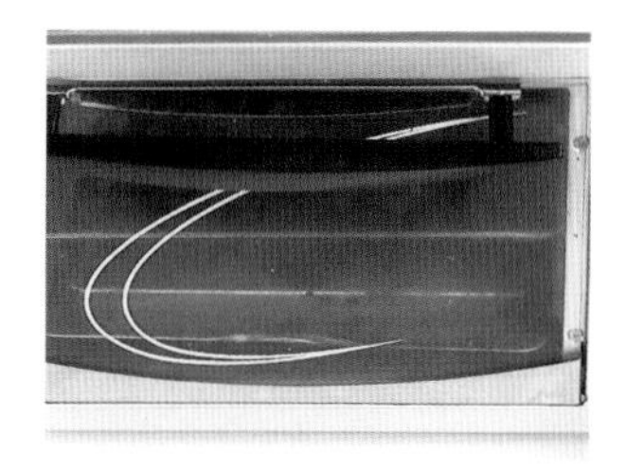

11. 把烤箱调为上火 180℃、下火 200℃，预热一会。

12. 打开烤箱，放入烤盘，烤 20 分钟至熟。

13. 取出烤盘。

14. 将蛋糕脱模，装入盘中，把糖粉过筛至蛋糕上即成。

彩虹蛋糕

难易程度： 难

烤　　制： 上火 160℃

下火 160℃

烤制时间： 20 分钟

原料：

鸡蛋……………………4 个

哈密瓜色香油…… 适量

香芋色香油 ……… 适量

打发鲜奶油 ………30 克

蛋黄部分：

低筋面粉…………70 克

玉米淀粉…………55 克

泡打粉 ……………2 克

清水…………… 70 毫升

色拉油 ………… 55 毫升

细砂糖 ……………28 克

蛋白部分：

细砂糖 ……………97 克

泡打粉 ……………3 克

工具：

玻璃碗 2 个

搅拌器 1 个

长柄刮板 1 个

筛网 1 个

电动搅拌器 1 个

裱花袋 3 个

抹刀 1 把

木棍 1 根

制作方法：

1. 鸡蛋分离，将蛋黄、蛋白分别装入玻璃碗中。

2. 低筋面粉、玉米淀粉、泡打粉过筛至蛋黄中，拌匀。

3. 再倒入清水、色拉油、细砂糖，搅拌均匀，至无细粒即可。

4. 取装有蛋白的玻璃碗，用电动搅拌器打至起泡，倒入细砂糖，搅拌匀。

5. 将泡打粉倒入碗中，拌匀至其呈鸡尾状。

6. 用长柄刮板将适量蛋白倒入装有蛋黄的玻璃碗中，搅拌均匀。

7. 再将拌好的蛋黄倒入剩余的蛋白中，搅拌均匀，制成面糊。

8. 另取一个玻璃碗，装入适量面糊，倒入少量香芋色香油，拌匀，制成香芋面糊。

9. 再取一个玻璃碗，倒入适量面糊，放少许哈密瓜色香油，拌匀，制成哈密瓜面糊。

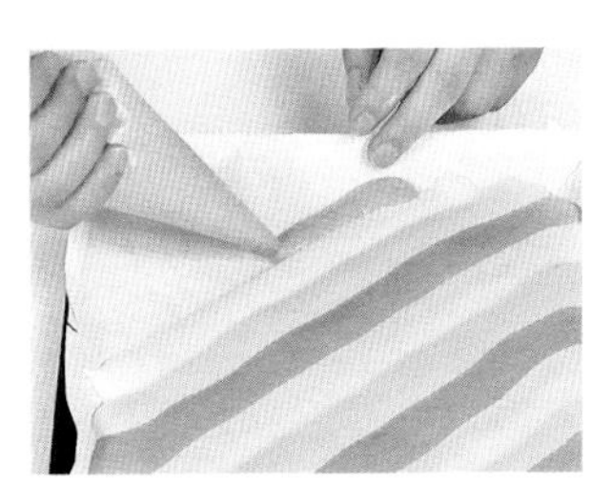

10. 分别将 3 种面糊装入裱花袋中，烤盘铺上白纸，以间隔的方式挤入 3 种面糊。

11. 将烤盘放入烤箱中，调成上下火 160℃，烤 20 分钟，至其熟透，取出。

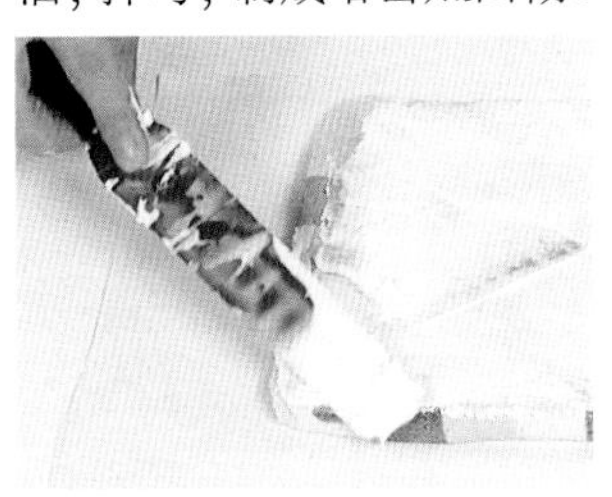

12. 蛋糕倒放在白纸上，撕去白纸，抹上鲜奶油。

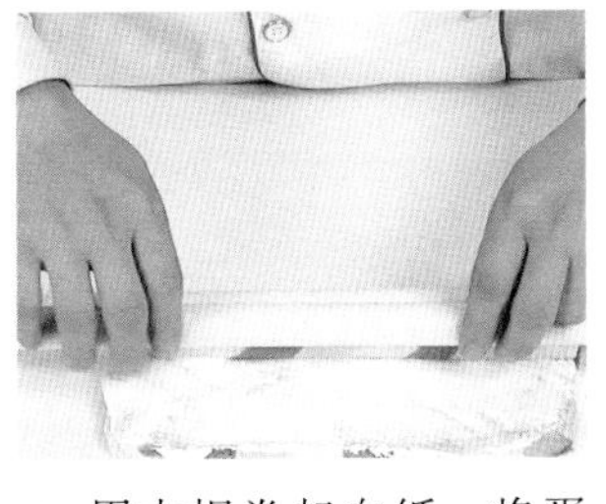

13. 用木棍卷起白纸，将蛋糕卷成圆筒状，静置 5 分钟。

14. 切去蛋糕两边不平整的地方，再切成四等份，即可。

芝士蛋糕

扫一扫看视频

难易程度： 难

冷冻温度： 0~18℃

冷冻时间： 30 分钟

原料：

奶油芝士…………200 克

牛奶…………… 150 毫升

白糖……………………60 克

巧克力酱……………60 克

明胶粉 ………………15 克

蛋糕坯 …………………1 片

可可粉 ……………… 适量

工具：

奶锅 1 个

蛋糕模具 1 个

搅拌器 1 个

裱花袋 1 个

竹签 1 支

通关密码

拉花的时候竹签动作要轻，顺着一个方向一次成形，保持形状流畅、好看。

制作方法：

1. 取出蛋糕模具，放入蛋糕坯，待用。

2. 奶锅中倒入奶油芝士，用小火搅拌至溶化。

3. 倒入牛奶，搅拌均匀。

4. 加入白糖，搅拌至溶化。

5. 加入可可粉，搅拌均匀。

6. 关火，倒入明胶粉。

7. 搅拌均匀，制成蛋糕浆。

8. 取一空碗，倒入蛋糕浆。

9. 取出已放入蛋糕坯的蛋糕模具，倒入蛋糕浆。

10. 取出裱花袋，倒入巧克力酱。

11. 在蛋糕浆上以打圈的方式挤出巧克力酱。

12. 用竹签在巧克力酱上从中点向四周拉花，拉出花纹。

13. 放入冰箱冷冻 30 分钟至成形。

14. 取出冻好的蛋糕，脱模即可。

甜蜜时光

难易程度：难

煎制时间：5 分钟

原料：

牛奶…………120 毫升
低筋面粉………100 克
蛋黄…………………2 个
蛋白…………………2 个
色拉油………… 30 毫升
细砂糖……………25 克
蜂蜜………………… 适量

工具：

搅拌器 1 个
电动搅拌器 1 个
长柄刮板 1 个
筛网 1 个
三角铁板 1 个
筷子 1 根
刷子 1 把
蛋糕刀 1 把

通关密码

煎好的面皮最好放凉了再刷蜂蜜，否则容易失去粘性。

制作方法：

1. 将牛奶、色拉油、蛋黄倒入大碗中，搅拌均匀。

2. 将低筋面粉过筛至大碗中，搅拌均匀，备用。

3. 另取一碗，倒入蛋白、细砂糖，打发后，倒入备好的蛋黄拌匀，制成面糊。

4. 煎锅置于火上，倒入适量面糊，小火煎至表面起泡。

5. 翻面，煎至两面呈金黄色，制成面皮。

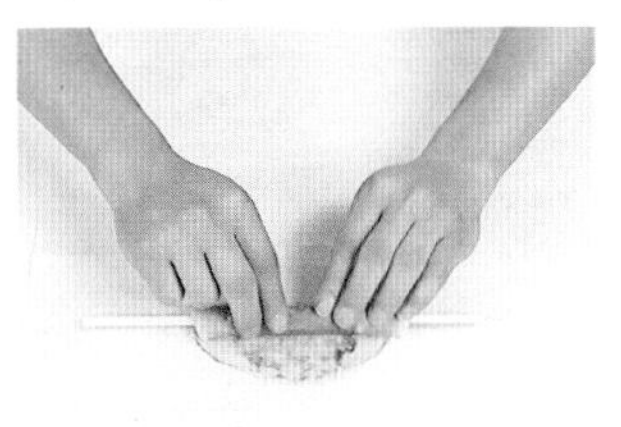

6. 铺一张白纸，放上面皮，刷上适量蜂蜜，用筷子将面皮卷成卷，放凉。

7. 煎锅中再倒入适量面糊，按照以上做法煎制面皮。

8. 再把煎好的面皮放在白纸上，刷上适量蜂蜜。

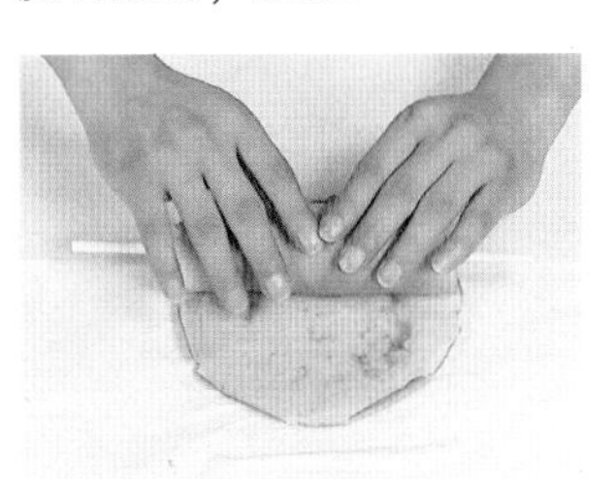

9. 在面皮的一端放上之前卷好的面皮，慢慢地卷成卷，放凉待用。

10. 再将一块煎好的面皮放在白纸上，刷上适量蜂蜜。

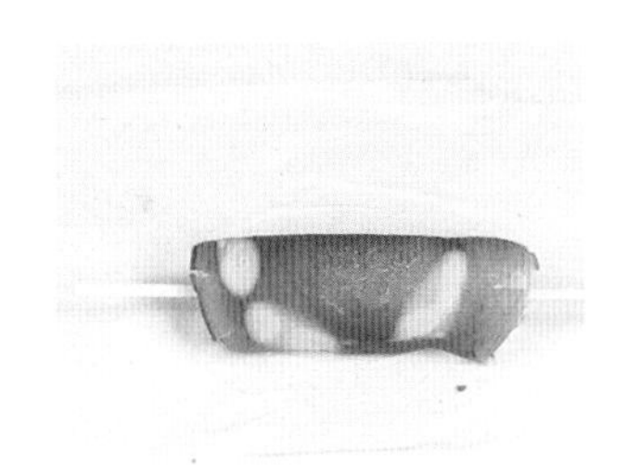

11. 继续在面皮的一端放上之前卷好的面皮，慢慢地卷成卷。

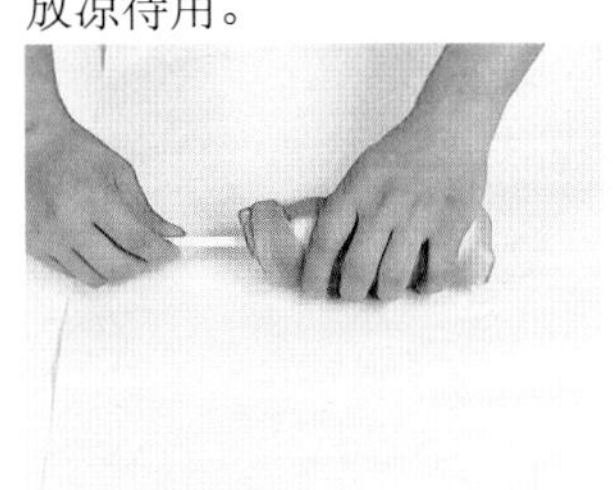

12. 用手按住蛋糕卷，轻轻地取出筷子。

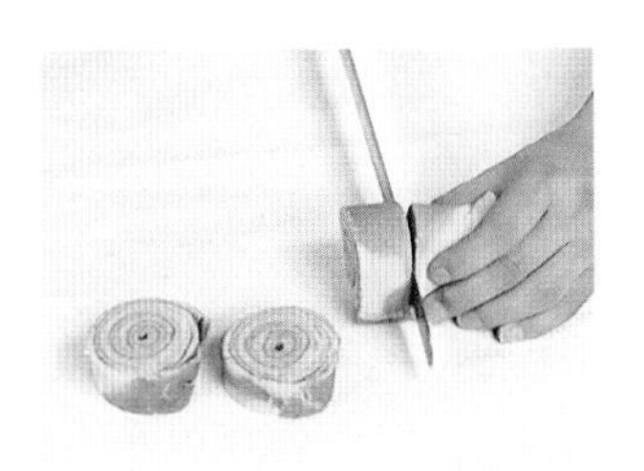

13. 再切成段，制作成年轮蛋糕。

14. 将切好的年轮蛋糕装入盘中，再刷上适量蜂蜜即可。

维也纳蛋糕

扫一扫看视频

难易程度： 难

烤　　制： 上火 170℃

下火 170℃

烤制时间： 20 分钟

原料：

鸡蛋………………200 克
蜂蜜…………………20 克
低筋面粉…………100 克
细砂糖……………170 克
奶粉…………………10 克
朗姆酒………… 10 毫升
黑巧克力液……… 适量
白巧克力液……… 适量

工具：

电动搅拌器 1 个
长柄刮板 1 个
裱花袋 2 个
剪刀 1 把
蛋糕刀 1 把
烤箱 1 台

通关密码

若没有低筋面粉，可用高筋面粉和玉米淀粉以 1 ： 1 的比例进行调配。

制作方法：

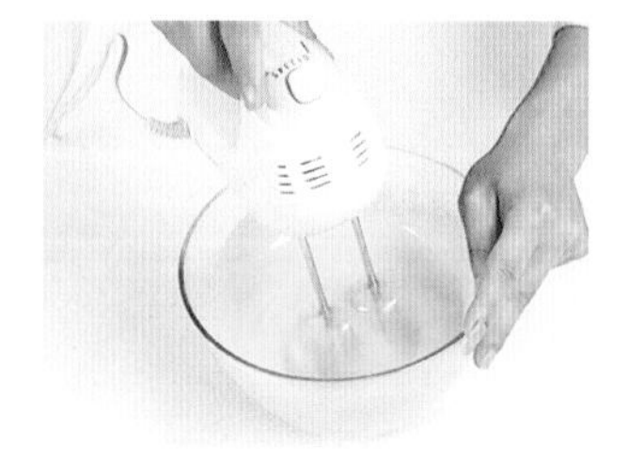

1. 将鸡蛋、细砂糖倒入大碗，用电动搅拌器快速搅拌匀。

2. 在低筋面粉中倒入奶粉。

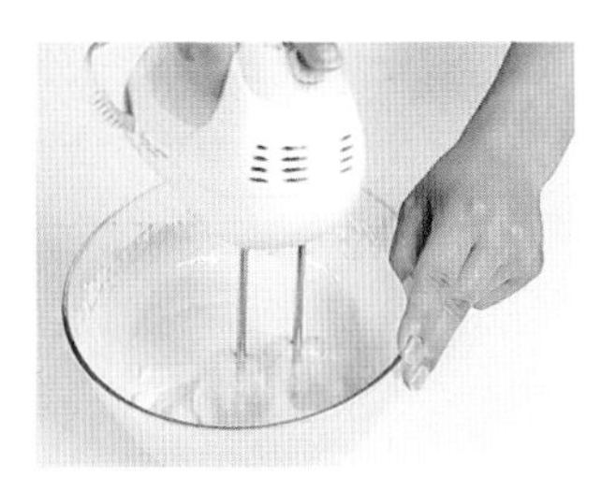

3. 将混合好的材料倒入大碗中，搅拌均匀。

4. 倒入朗姆酒，拌匀，加入蜂蜜，搅拌均匀，制作成蛋糕浆。

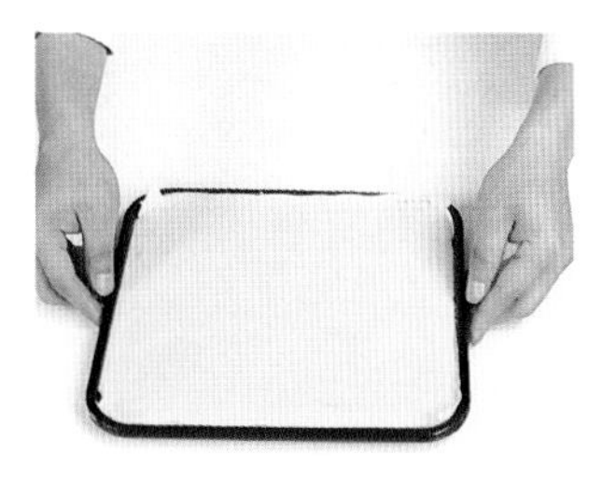

5. 在烤盘上铺一张烘焙纸，倒入蛋糕浆，抹匀，震平。

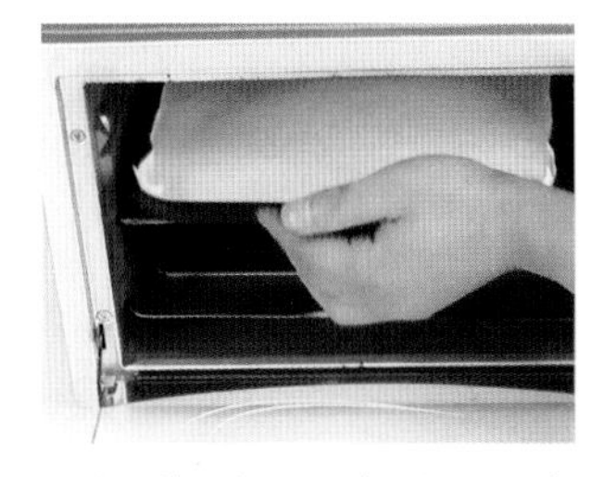

6. 把烤箱调为上下火170℃，预热一会儿，放入烤盘。

7. 烤20分钟至熟后，取出烤盘。

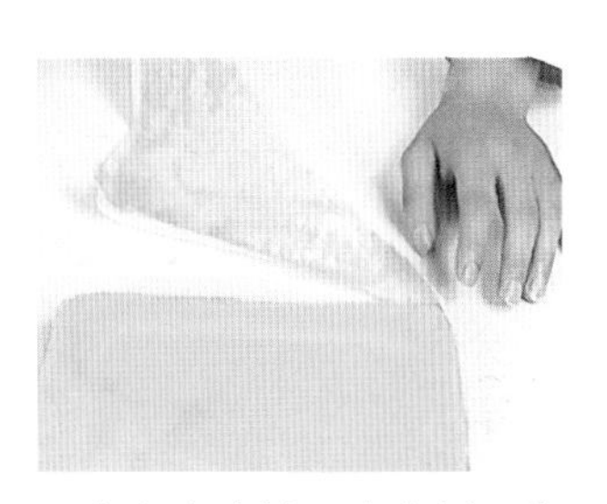

8. 在案台上铺一张白纸，将烤盘倒扣在白纸一端，撕去粘在蛋糕底部的烘焙纸。

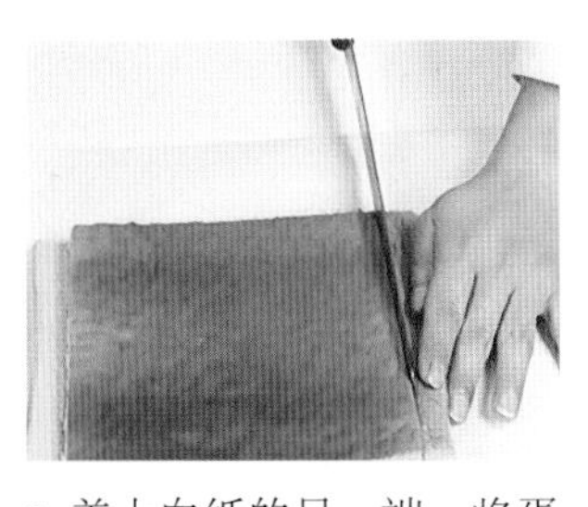

9. 盖上白纸的另一端，将蛋糕翻面，把四周切整齐。

10. 把黑巧克力液装入裱花袋中，将白巧克力液装入裱花袋中。

11. 在装有白巧克力液的裱花袋尖端剪一个小口，在蛋糕上斜向挤上白巧克力液。

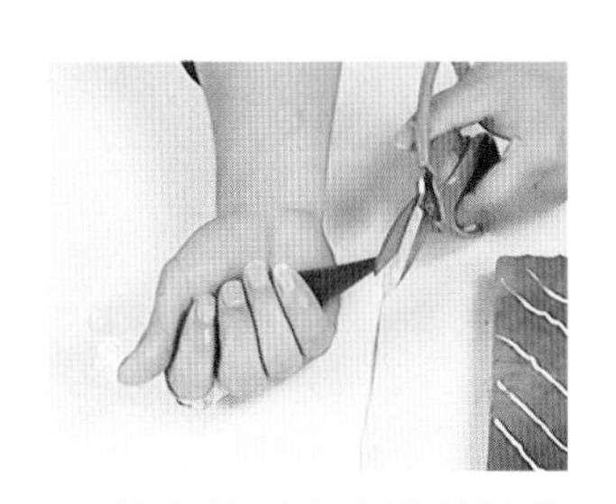

12. 装有黑巧克力液的裱花袋尖端部位剪一个小口。

13. 沿着已经挤好的白巧克力液，挤入黑巧克力液。

14. 待巧克力凝固后，将蛋糕切成长方块，装盘即可。

芬妮蛋糕

难易程度： 难

烤　　制： 上火 160℃
下火 170℃

烤制时间： 25 分钟

原料：

蛋糕体部分：

黄奶油……………80 克
细砂糖……………110 克
牛奶……………45 毫升
鸡蛋……………200 克
蛋黄……………20 克
奶粉……………45 克
低筋面粉…………100 克
蛋糕油……………5 克

蛋糕酱部分：

黄奶油……………80 克
糖粉……………60 克
蛋白……………50 克
低筋面粉…………80 克
奶粉……………30 克
蛋黄……………2 个

工具：

长柄刮板 1 个
电动搅拌器 1 个
裱花袋 2 个
蛋糕刀 1 把
剪刀 1 把
烤箱 1 台
烘焙纸 2 张

制作方法：

1. 将牛奶、黄奶油隔水加热至黄奶油完全溶化。

2. 鸡蛋、蛋黄、细砂糖用电动搅拌器搅拌均匀。

3. 加入低筋面粉、奶粉、蛋糕油，搅匀，倒入溶化的黄奶油与牛奶，拌匀成面糊。

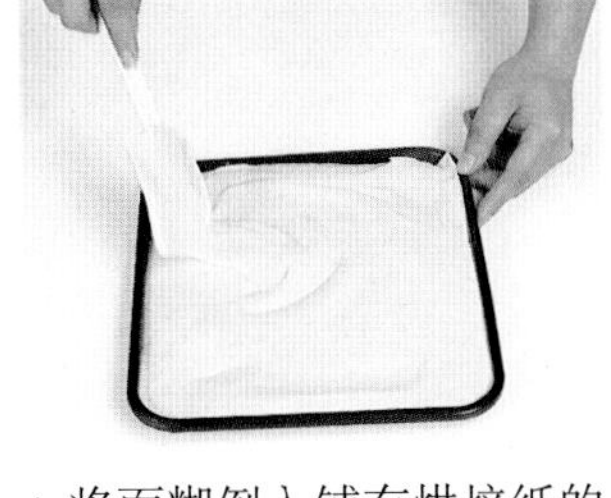

4. 将面糊倒入铺有烘焙纸的烤盘中，用长柄刮板抹匀，将烤盘震平。

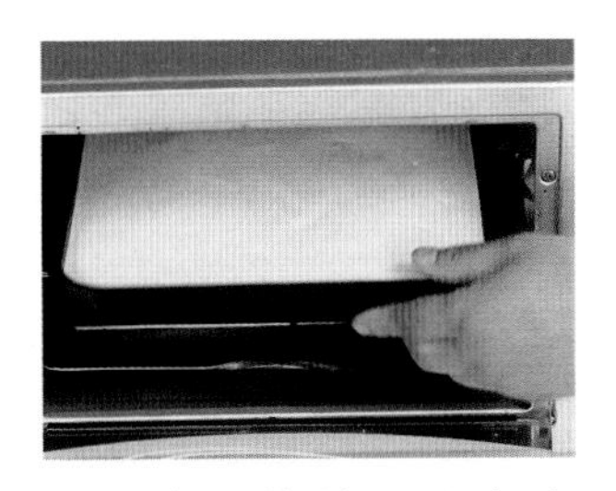

5. 再放入烤箱，以上火160℃、下火170℃烤20分钟至熟，备用。

6. 将黄奶油、糖粉倒入大碗中，拌匀，分两次加入蛋白，用电动搅拌器快速搅匀。

7. 放入奶粉、低筋面粉，快速搅拌均匀，即成蛋糕酱。

8. 将蛋糕酱装入裱花袋中；把蛋黄拌匀，装入另一个裱花袋中。

9. 取出烤好的蛋糕体。

10. 用剪刀将装有蛋糕酱的裱花袋尖端部位剪开一个小口，在蛋糕体上挤入蛋糕酱。

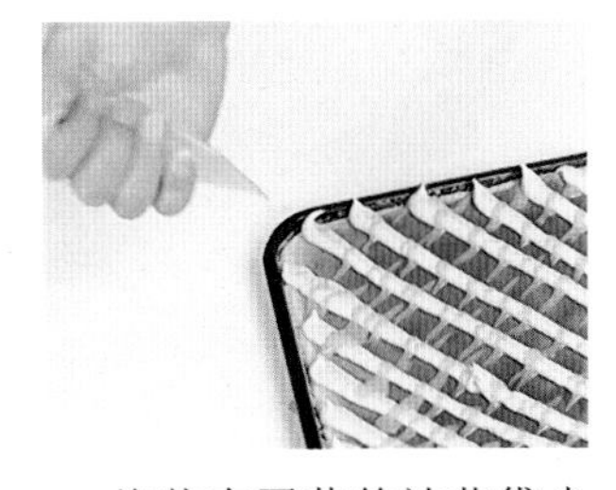

11. 将装有蛋黄的裱花袋尖端剪一个小口，与蛋糕酱的方向垂直，快速挤入蛋黄。

12. 放入烤箱，以上火160℃、下火170℃烤5分钟。

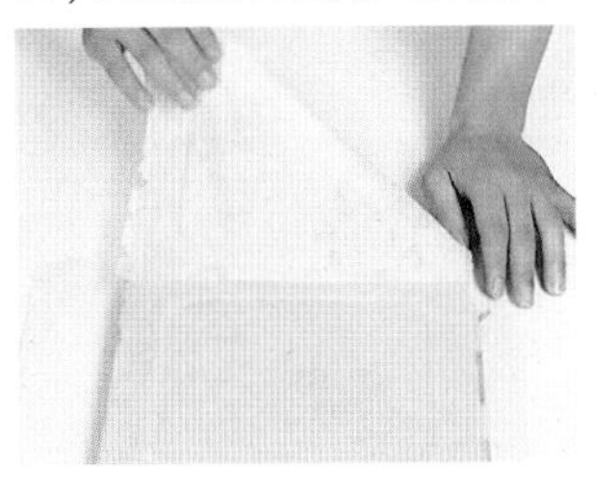

13. 将蛋糕倒扣在白纸上，撕去蛋糕底部的烘焙纸。

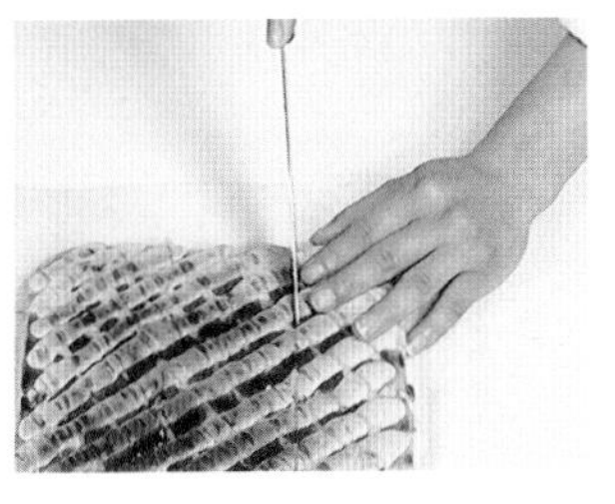

14. 将白纸另外一端盖上蛋糕，将蛋糕翻面，切块即成。

Part 4
面包

说起面包，
最难忘的就是上学时期，
早餐通常都是面包配着牛奶，简单又营养。
如今，面包的款式与种类也越来越多了，
制作上也有许多别出心裁的技巧，
想想那块柔软香甜的面包，忍不住地馋了嘴。

本章详细介绍了日常所见的面包做法，
简单易上手，
准备享用自己动手制作出来的美味吧！

餐包

难易程度： 易

烤　　制： 上火 190℃
下火 190℃

烤制时间： 15 分钟

原料：

高筋面粉……500 克
黄奶油……70 克
奶粉……20 克
细砂糖……100 克
盐……5 克
鸡蛋……1 个
水……200 毫升
酵母……8 克
蜂蜜……适量

工具：

搅拌器 1 个
刮板 1 个
烤箱 1 台
刷子 1 把
保鲜膜 1 张

制作方法：

1. 将细砂糖、水倒入容器中，搅拌至细砂糖溶化，待用。

2. 把高筋面粉、酵母、奶粉倒在案台上，用刮板开窝。

通关密码

揉搓面团时，如果面团粘手，可以撒上适量面粉。

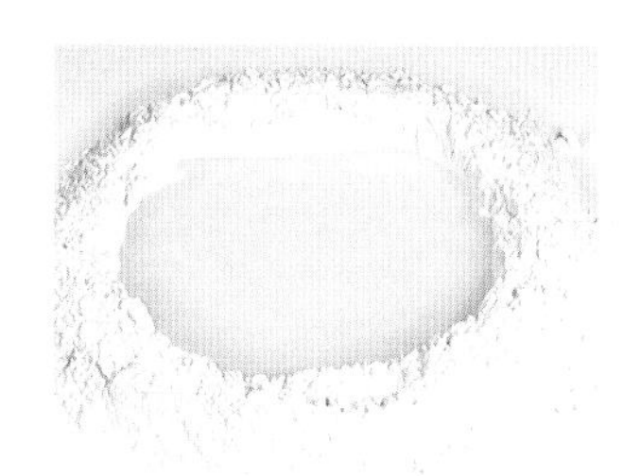

3. 倒入备好的糖水。

4. 将材料混合均匀，并按压成形。

5. 加入鸡蛋，将材料混合均匀，揉搓成面团。

6. 将面团稍微拉平，倒入黄奶油，揉搓均匀。

7. 加入适量盐，揉搓成光滑的面团。

8. 用保鲜膜将面团包好，静置 10 分钟。

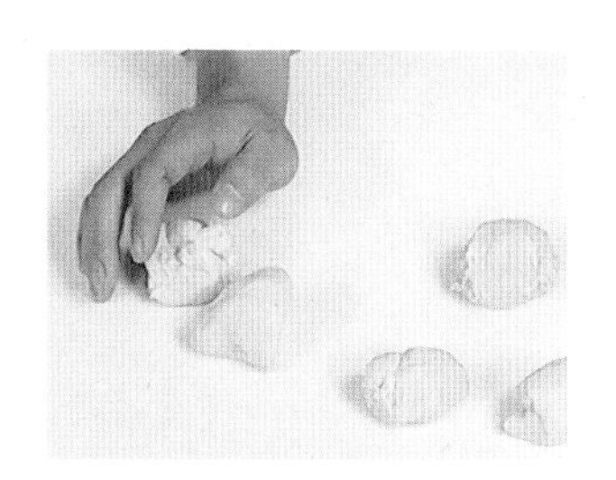

9. 将面团分成数个 60 克一个的小面团。

10. 把小面团揉搓成圆球形。

11. 把小面团放入烤盘中，使其发酵 90 分钟。

12. 将烤盘放入烤箱，以上下火 190℃烤 15 分钟至熟。

13. 从烤箱中取出烤盘。

14. 将烤好的早餐包装入盘中，刷上适量蜂蜜即可。

蜂蜜吐司

难易程度： 易

烤　　制： 上火 190℃

下火 190℃

烤制时间： 30 分钟

原料：

高筋面粉…………500 克
黄奶油………………70 克
奶粉……………………20 克
细砂糖……………100 克
盐…………………………5 克
鸡蛋……………………1 个
水………………200 毫升
酵母……………………8 克
蜂蜜…………………适量

工具：

刮板 1 个
搅拌器 1 个
吐司模具 1 个
擀面杖 1 根
刷子 1 把
烤箱 1 台
保鲜膜 1 张

通关密码

可用其他果酱代替蜂蜜，口感也很好。

制作方法：

1. 将细砂糖、水倒入容器中，搅拌至细砂糖溶化，待用。

2. 把高筋面粉、酵母、奶粉倒在案台上，用刮板开窝。

3. 倒入备好的糖水，将材料混合均匀，并按压成形。

4. 加入鸡蛋，将材料混合均匀，揉搓成面团。

5. 将面团稍微拉平，倒入黄奶油，揉搓均匀。

6. 加入适量盐，揉搓成光滑的面团。

7. 用保鲜膜将面团包好，静置 10 分钟。

8. 取适量面团，用手压扁，擀成面皮。

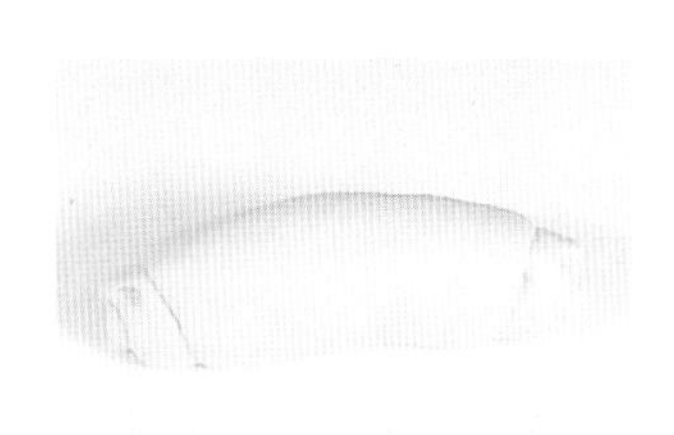

9. 将面皮卷成橄榄状，制成生坯。

10. 把生坯放入抹有黄奶油的模具中，使其常温发酵 90 分钟。

11. 将烤箱上下火温度均调为 190℃，预热 5 分钟。

12. 将生坯放入烤箱，烘烤 30 分钟至熟。

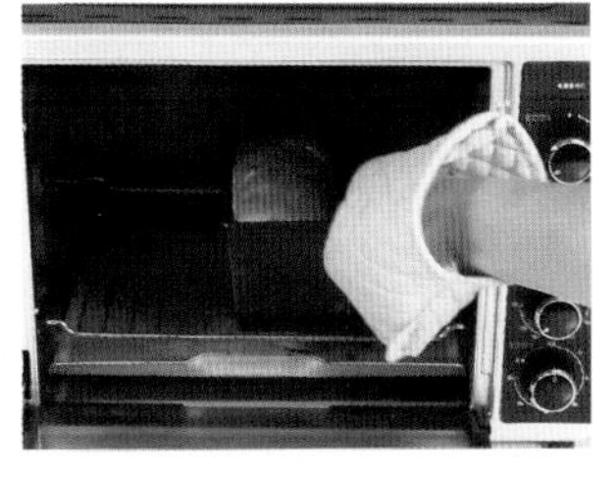

13. 取出模具，将烤好的面包脱模。

14. 装入盘中，刷上适量蜂蜜即可。

小法长棍面包

通关密码

划开的刀口不宜太深，以免影响成品外观。

原料：

鸡蛋……………………1个

黄油…………………25克

高筋面粉…………260克

酵母……………………3克

盐…………………… 适量

水………………… 80毫升

工具：

刮板1个

筛网1个

擀面杖1根

小刀1把

烤箱1台

难易程度： 易

烤　　制： 上火200℃、下火200℃

烤制时间： 20分钟

制作方法：

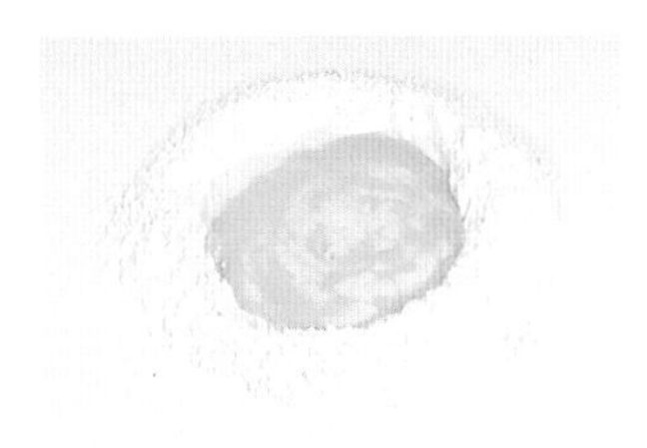

1. 将酵母、盐放入碗中拌匀，开窝，放入鸡蛋、水按压，拌匀。

2. 加黄油，揉成面团。

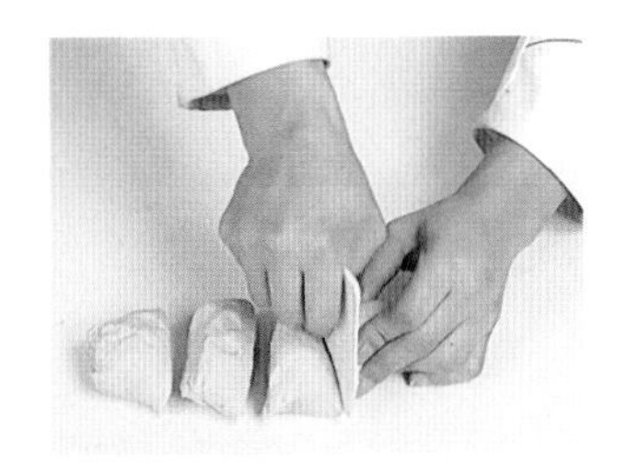

3. 继续揉成长条，分成4个小面团。

4. 称取2个100克的面团，擀成片。

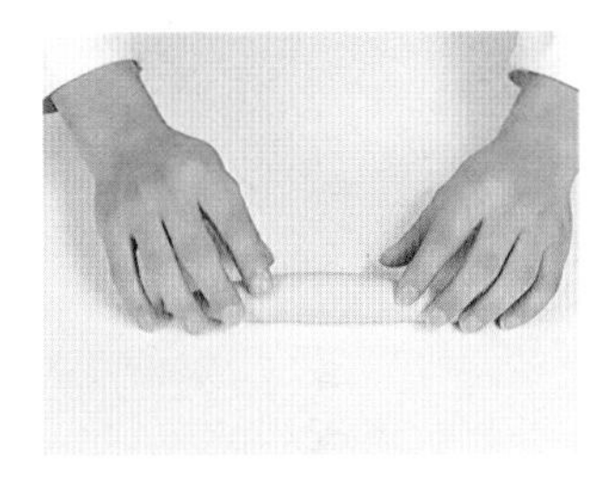

5. 从一端开始，卷成长条状。

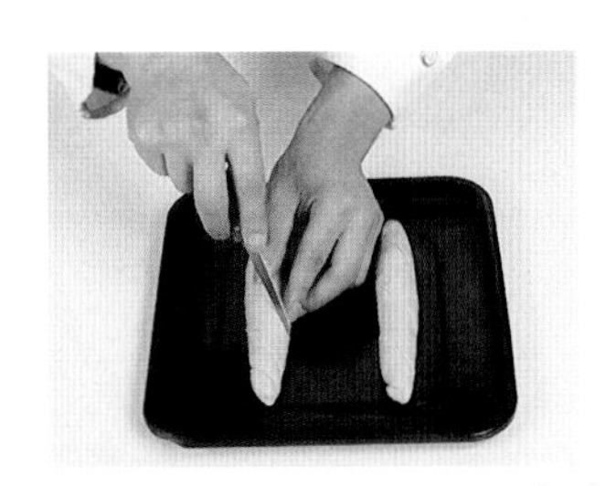

6. 把面团放入烤盘中，用小刀在上面斜划几刀，发酵2小时。

7. 把少许高筋面粉过筛至发酵好的面团上，放入适量的黄油。

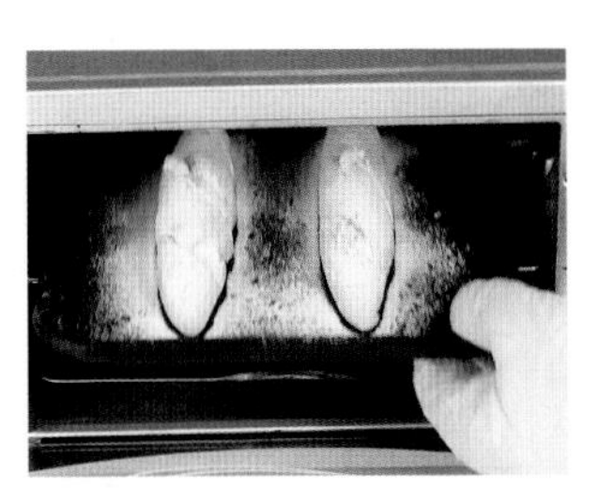

8. 将烤盘入烤箱，以上火200℃、下火200℃烤20分钟至熟即可。

咸香方包

通关密码

面团发酵时间不能太短，否则烤好的面包会塌陷或收缩，影响口感。

原料：

高筋面粉…………500克
黄奶油……………70克
奶粉………………20克
细砂糖……………100克
盐…………………5克
鸡蛋………………50克
水………………200毫升
酵母………………8克

工具：

刮板、搅拌器各1个
方形模具1个
擀面杖1根
刷子1把
烤箱1台
保鲜膜1张

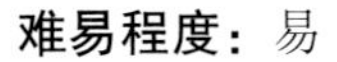

难易程度： 易
烤　　制： 上火190℃、下火190℃
烤制时间： 30分钟

扫一扫看视频

制作方法：

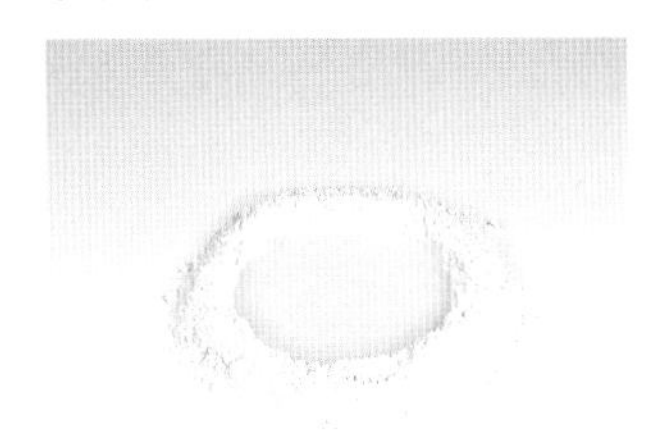

1. 细砂糖加水溶化。高筋面粉、酵母、奶粉开窝，倒入糖水。

2. 加鸡蛋、黄油、盐混合均匀，揉搓成光滑的面团。

3. 用保鲜膜包好，静置10分钟。

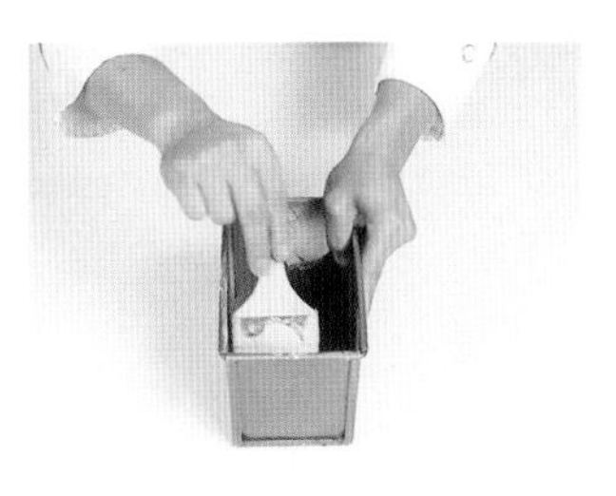

4. 在模具中刷上适量黄油。

5. 称取350克的面团，将面团擀平，在面皮上抹上盐。

6. 卷成橄榄形，放入模具发酵90分钟。

7. 以上火190℃、下火190℃的温度，烤30分钟。

8. 取出模具，脱模即可。

罗宋包

难易程度： 易

烤　　制： 上火 190℃

下火 190℃

烤制时间： 15 分钟

原料：

高筋面粉……500 克
黄奶油……70 克
奶粉……20 克
细砂糖……100 克
盐……5 克
鸡蛋……50 克
水……200 毫升
酵母……8 克
黄奶油……适量
低筋面粉……适量

工具：

刮板 1 个
搅拌器 1 个
筛网 1 个
擀面杖 1 根
小刀 1 把
烤箱 1 台

通关密码

小刀最好比较锋利，这样才容易划开面团。

制作方法：

1. 将细砂糖、水倒入容器中，搅拌至细砂糖溶化，待用。

2. 把高筋面粉、酵母、奶粉倒在案台上，用刮板开窝。

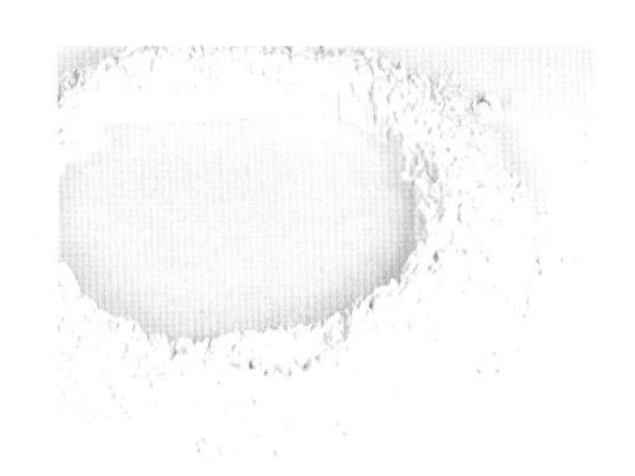

3. 倒入备好的糖水。

4. 将材料混合均匀，并按压成形。

5. 加入鸡蛋，将材料混合均匀，揉搓成面团。

6. 将面团稍微拉平，倒入黄奶油，揉搓均匀。

7. 加入适量盐，揉搓成光滑的面团。用保鲜膜将面团包好，静置10分钟。

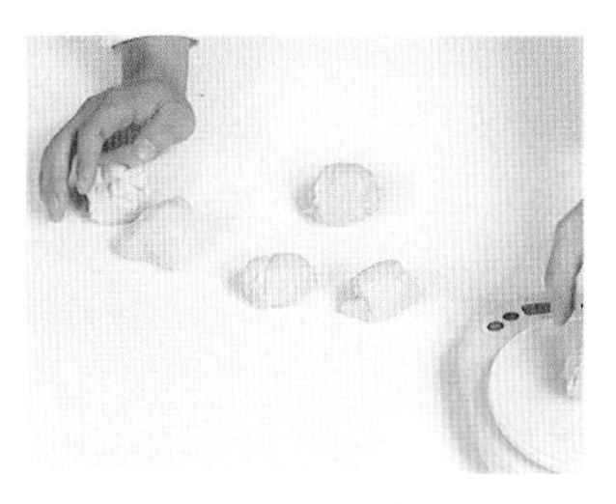

8. 将面团分成数个60克一个的小面团。

9. 把小面团揉搓成圆形，用擀面杖将面团擀平。

10. 从一端开始，将面团卷成卷，揉成橄榄形。

11. 放入烤盘，使其发酵90分钟，用小刀在发酵好的面团上，划一道口子。

12. 在面团中间的切口部位，放入适量黄奶油。

13. 将适量的低筋面粉过筛至面团上。

14. 烤箱调为上下火190℃，预热后烤15分钟即可。

核桃面包

难易程度：中

烤　　制：上火 190℃

下火 190℃

烤制时间：15 分钟

原料：

高筋面粉…………500 克
黄奶油……………70 克
奶粉………………20 克
细砂糖……………100 克
盐…………………5 克
鸡蛋………………1 个
水…………… 200 毫升
酵母………………8 克
核桃仁……………适量

工具：

搅拌器 1 个
刮板 1 个
剪刀 1 把
擀面杖 1 根
烤箱 1 台

通关密码

可以根据自己的口味，添加其他果仁。

制作方法：

1. 将细砂糖、水倒入容器中，搅拌至细砂糖溶化，待用。

2. 把高筋面粉、酵母、奶粉倒在案台上，用刮板开窝。

3. 倒入备好的糖水，将材料混合均匀。

4. 加入鸡蛋，将材料混合均匀，揉搓成面团。

5. 将面团稍微拉平，倒入黄奶油，揉搓均匀。

6. 加入适量盐，揉搓成光滑的面团。

7. 用保鲜膜将面团包好，静置 10 分钟。

8. 将面团分成数个 60 克一个的小面团。

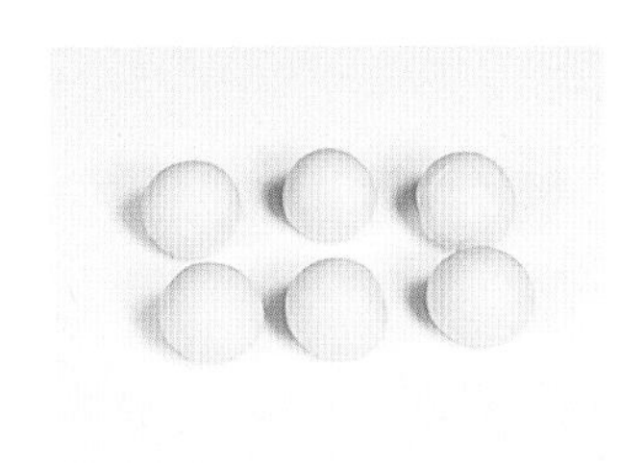

9. 把小面团揉搓成圆形。

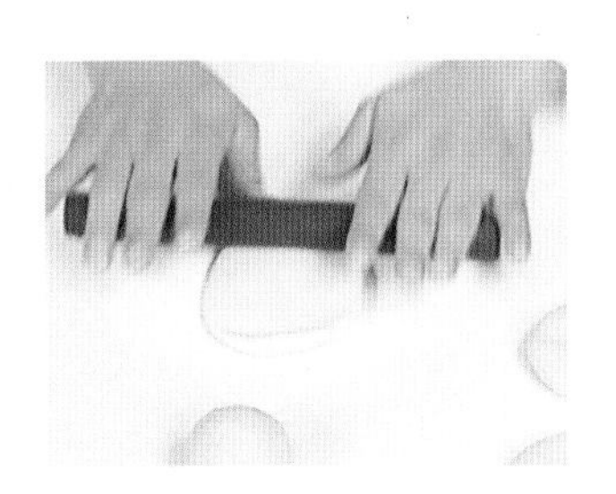

10. 将小面团用手压平，再用擀面杖擀薄。

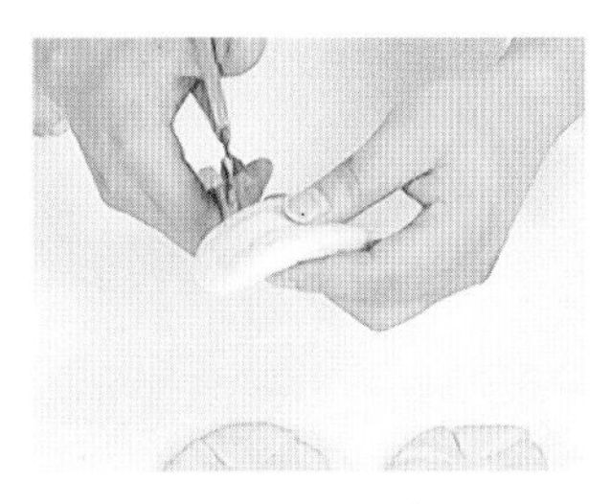

11. 用剪刀剪出 5 个小口，呈花形。

12. 将花形面团放入烤盘中，自然发酵 90 分钟。

13. 在发酵好的花形面团上，放入核桃。

14. 放入烤箱，以上下火 190℃烤 15 分钟，即可。

肠仔包

难易程度： 中

烤　　制： 上火 190℃

下火 190℃

烤制时间： 15 分钟

原料：

高筋面粉…………500 克
黄奶油……………70 克
奶粉………………20 克
细砂糖……………100 克
盐……………………5 克
鸡蛋………………50 克
水…………………200 毫升
酵母…………………8 克
火腿肠………………4 根

工具：

刮板 1 个
搅拌器 1 个
擀面杖 1 根
烤箱 1 台
保鲜膜 1 张
刷子 1 把

制作方法：

1. 将细砂糖、水倒入容器中，搅拌至细砂糖溶化，待用。

2. 把高筋面粉、酵母、奶粉倒在案台上，用刮板开窝。

通关密码

搓成的长条不宜太粗，否则不易熟透。

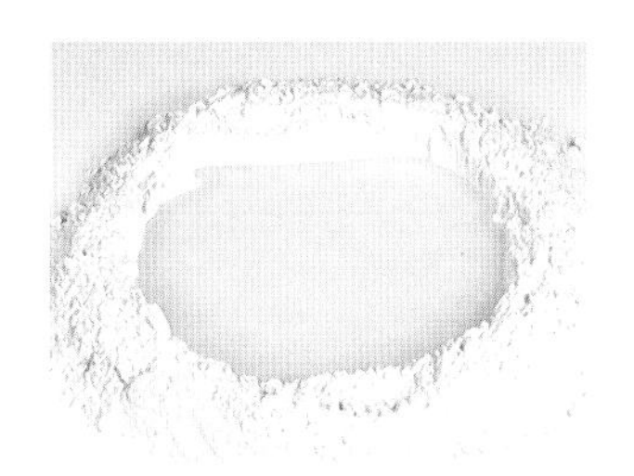

3. 倒入备好的糖水，将材料混合均匀。

4. 加入鸡蛋，将材料混匀。

5. 揉搓成面团。

6. 将面团稍微拉平，倒入黄奶油，揉搓均匀。

7. 加入适量盐。

8. 揉搓成光滑的面团，用保鲜膜将面团包好，静置10分钟。

9. 将面团分成数个60克一个的小面团。

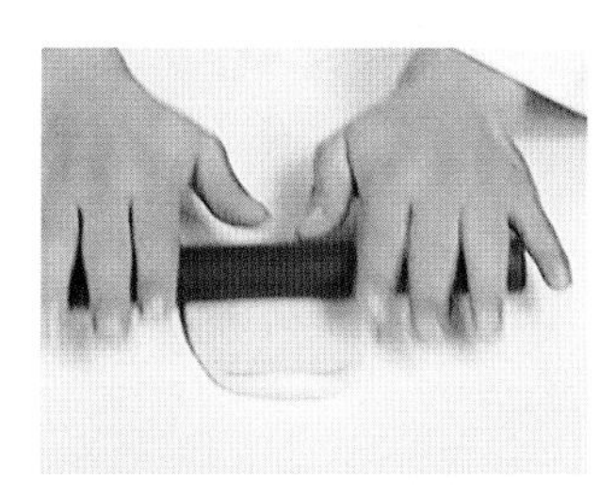

10. 把小面团揉搓成圆形，用擀面杖将面团擀平。

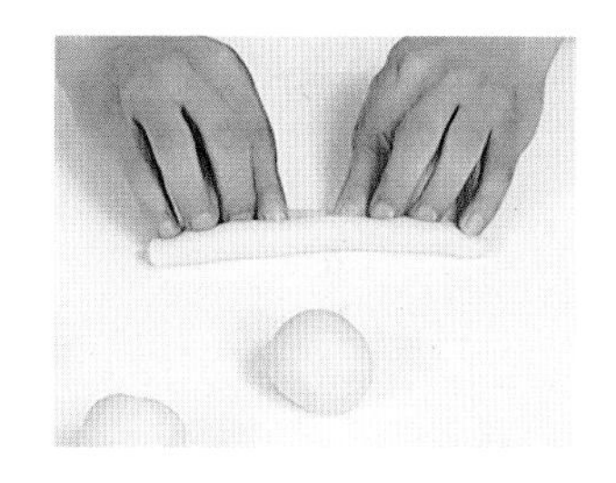

11. 从一端开始，将面团卷成卷，搓成细长条状。

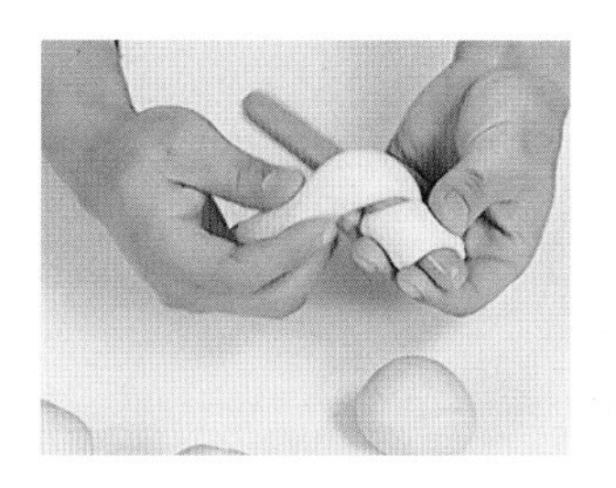

12. 沿着火腿肠卷起，制成生坯，放入烤盘，发酵90分钟。

13. 放入已预热上下火190℃的烤箱，烤15分钟。

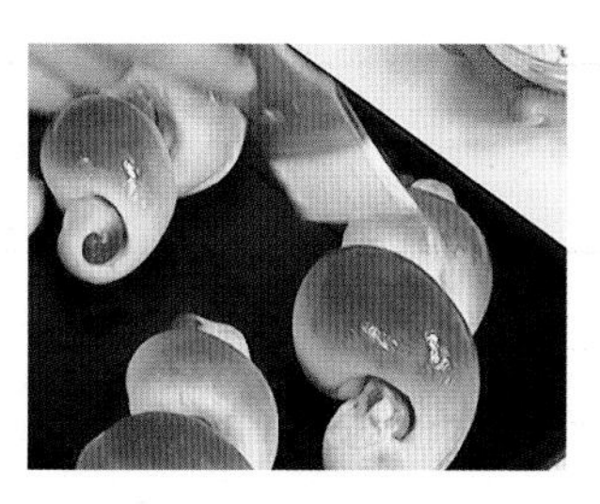

14. 从烤箱中取出烤盘，刷上适量黄奶油，装盘即可。

巧克力果干面包

扫一扫看视频

难易程度： 中
烤　　制： 上火 190℃
　　　　　　下火 190℃
烤制时间： 10 分钟

原料：
高筋面粉··········500 克
黄奶油················70 克
奶粉····················20 克
细砂糖··············100 克
盐·························5 克
鸡蛋·····················1 个
水················200 毫升
酵母······················8 克
提子干················20 克
可可粉················12 克
巧克力豆············25 克

工具：
搅拌器 1 个
刮板 1 个
擀面杖 1 根
电子秤 1 台
烤箱 1 台

通关密码

黄奶油和细砂糖的用量不能过多，否则面筋的骨架太软容易塌陷，会影响口感。

制作方法：

1. 将细砂糖倒入玻璃碗中，加入清水。

2. 用打蛋器搅拌均匀，搅拌成糖水待用。

3. 将高筋面粉倒在案台上，加入酵母、奶粉。

4. 用刮板混合均匀，再开窝。

5. 倒入糖水，刮入混合好的高筋面粉，和成湿面团。

6. 加入鸡蛋，揉搓均匀，加入准备好的黄奶油，充分混合均匀。

7. 加入盐，搓成光滑的面团。

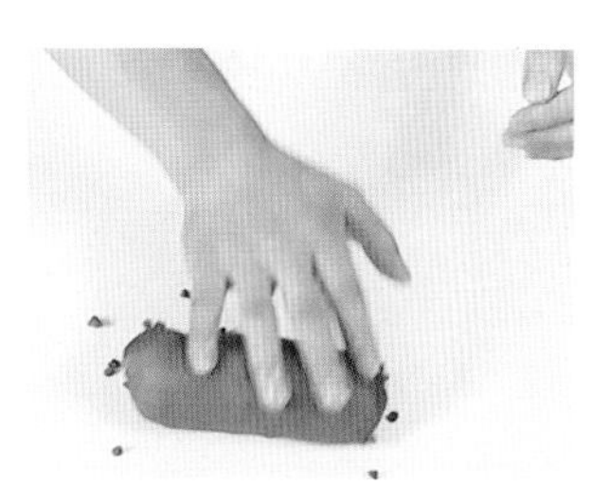

8. 秤取约 240 克面团，加入可可粉揉搓匀，加入巧克力豆，揉搓均匀。

9. 再加入提子干，揉搓，混合均匀。把面团分切成四等份剂子。

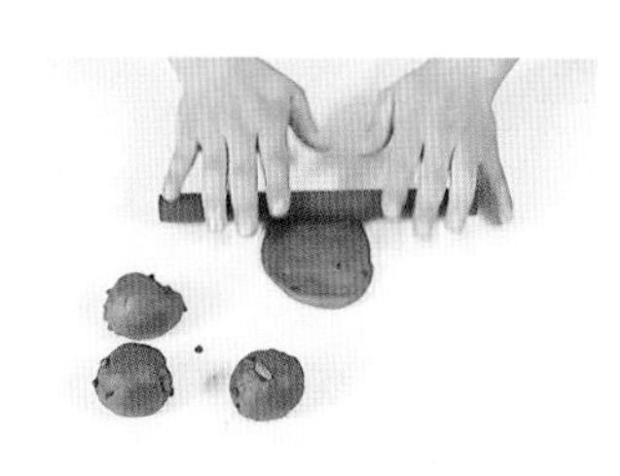

10. 把剂子揉成小球状，用擀面杖把面团擀成面皮。

11. 把面皮卷成橄榄状，制成面包生坯。

12. 将面包生坯装在烤盘里，常温发酵 1.5 小时。

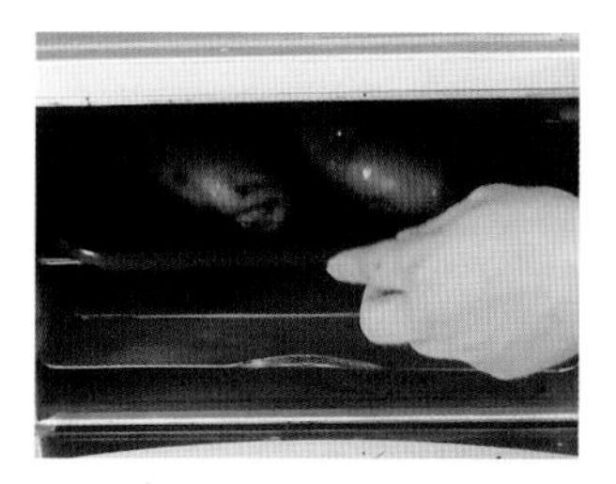

13. 把发酵好的生坯放入预热的烤箱里。

14. 以上下火 190℃，烤约 10 分钟至熟，取出即可。

日式乳酪面包

扫一扫看视频

难易程度： 中

烤　　制： 上火 190℃

下火 190℃

烤制时间： 15 分钟

原料：

面团部分：

高筋面粉……………500 克
黄奶油………………70 克
奶粉…………………20 克
细砂糖………………100 克
盐……………………5 克
鸡蛋…………………1 个
水……………………200 毫升
酵母…………………8 克

乳酪酱部分：

低筋面粉……………100 克
水……………………100 毫升
糖粉…………………50 克
奶粉…………………10 克
蛋糕油………………5 克

工具：

刮板 1 个
电动搅拌器 1 个
搅拌器 1 个
裱花袋 1 个
剪刀 1 把
烤箱 1 台

通关密码

制作乳酪酱时可淋入少许朗姆酒，这样味道会更香醇。

制作方法：

1. 将细砂糖、水倒入大碗中，搅拌至细砂糖溶化，待用。

2. 把高筋面粉、酵母、奶粉倒在案台上，用刮板开窝。

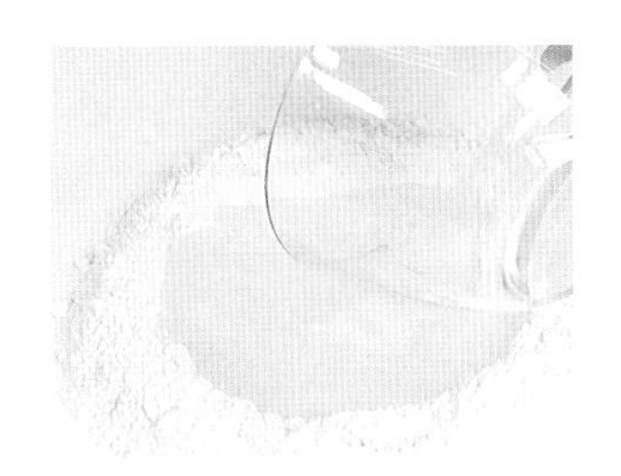

3. 倒入备好的糖水，将材料混合均匀。

4. 加入鸡蛋，混合均匀，揉搓成面团。

5. 将面团稍微拉平，倒入黄奶油，揉搓均匀。

6. 加入适量盐，揉搓成光滑的面团。

7. 用保鲜膜将面团包好，静置 10 分钟。

8. 去除保鲜膜，将面团分成适量均等的小面团，用电子称取数个 60 克的小面团。

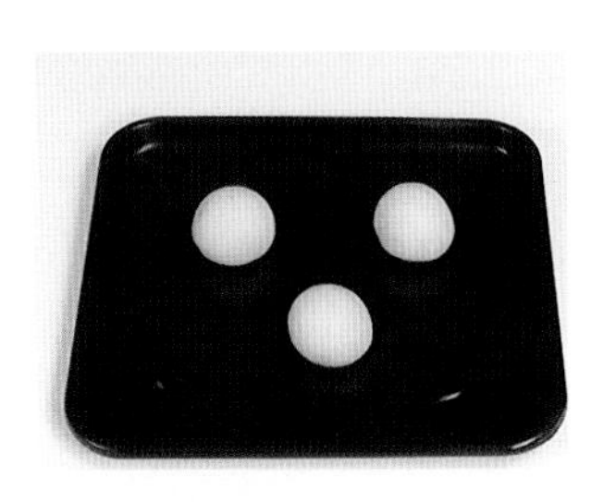

9. 将小面团揉搓成圆球形，取 3 个小面团，放入烤盘中，使其发酵 90 分钟，备用。

10. 将糖粉、水倒入大碗中，拌匀，再倒入蛋糕油、低筋面粉。

11. 倒入奶粉，用搅拌器快速搅拌均匀。

12. 将拌好的乳酪酱装入裱花袋中，尖端部位剪小口。

13. 在发酵好的面团上以划圆圈的方式挤入乳酪酱。

14. 放入烤箱中，以上下火 190℃烤 15 分钟，即可。

奶油面包

通关密码

成品中挤入的奶油不宜太多，以免食用时溢出。

原料：

高筋面粉…………250 克
清水…………… 100 毫升
白糖……………………50 克
黄油……………………35 克
酵母………………………4 克
奶粉……………………20 克
蛋黄……………………15 克
打发鲜奶油 ………… 适量
椰蓉……………………… 适量
糖浆……………………… 适量

工具：

刮板 1 个
擀面杖 1 根
烤箱 1 台

难易程度： 中
烤　　制： 上火 170℃、下火 170℃
烤制时间： 13 分钟

扫一扫看视频

制作方法：

1. 高筋面粉加酵母和奶粉，拌匀，开窝。

2. 加入白糖、清水、蛋黄，搅匀。

3. 放入黄油，揉搓成纯滑的面团。

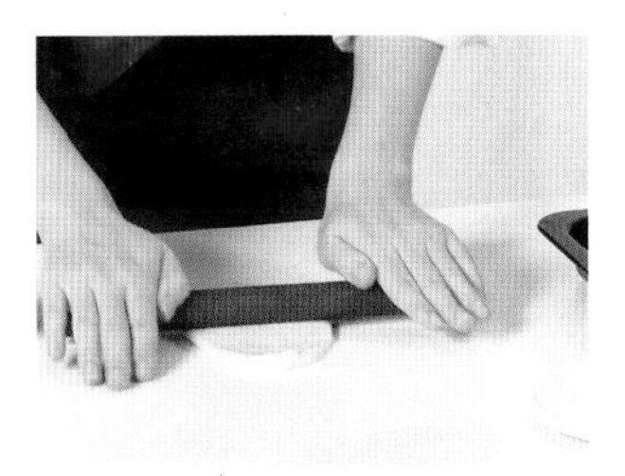
4. 分成 4 个 60 克的小剂子，搓圆、擀薄。

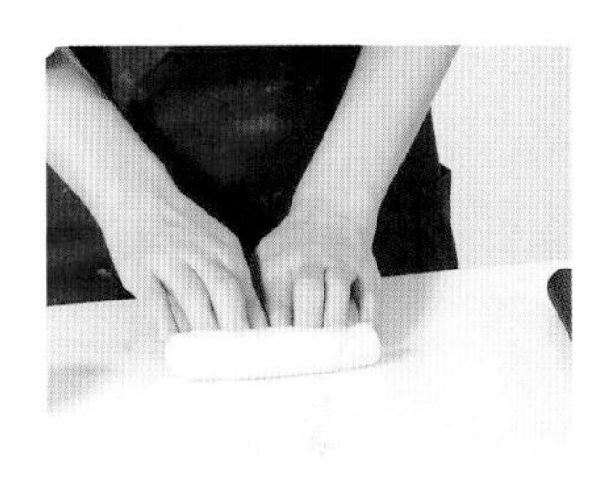
5. 从小剂子前端开始，慢慢往回收，卷成橄榄的形状。

6. 放入烤盘，发酵 30 分钟，入烤箱，以上下火 170℃烤约 13 分钟，取出。

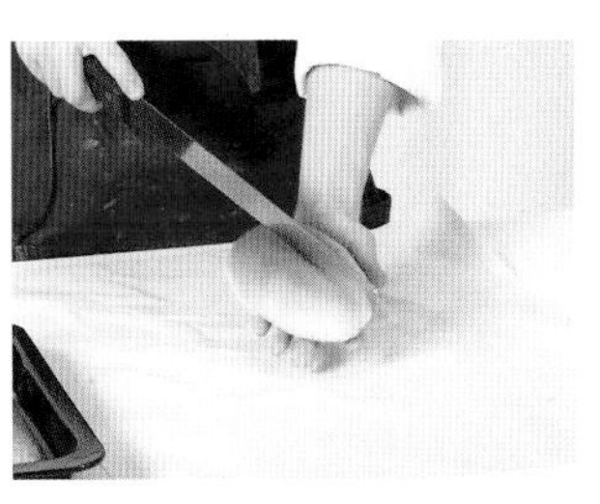
7. 用蛋糕刀将面包从中间划开，刷上糖浆，蘸上椰蓉，待用。

8. 取一裱花袋，倒入打发的鲜奶油，挤入面包的刀口处即成。

肉松包

难易程度：中
烤　　制：上火 190℃
下火 190℃
烤制时间：15 分钟

原料：
高筋面粉⋯⋯⋯⋯500 克
黄奶油⋯⋯⋯⋯⋯70 克
奶粉⋯⋯⋯⋯⋯⋯20 克
细砂糖⋯⋯⋯⋯⋯100 克
盐⋯⋯⋯⋯⋯⋯⋯5 克
鸡蛋⋯⋯⋯⋯⋯⋯50 克
水⋯⋯⋯⋯⋯⋯200 毫升
酵母⋯⋯⋯⋯⋯⋯8 克
肉松⋯⋯⋯⋯⋯⋯10 克
沙拉酱⋯⋯⋯⋯⋯适量

工具：
刮板 1 个
搅拌器 1 个
擀面杖 1 根
蛋糕刀 1 把
刷子 1 把
烤箱 1 台

通关密码

在面包表层刷沙拉酱，可使肉丝不易掉下。

制作方法：

1. 将细砂糖、水倒入容器中，搅拌至细砂糖溶化，待用。

2. 把高筋面粉、酵母、奶粉倒在案台上，用刮板开窝。

3. 倒入备好的糖水，将材料混合均匀，并按压成形。

4. 加入鸡蛋，将材料混合均匀，揉搓成面团。

5. 将面团稍微拉平，倒入黄奶油，揉搓均匀。

6. 加入适量盐，揉搓成光滑的面团。

7. 用保鲜膜将面团包好，静置 10 分钟。

8. 将面团分成数个 60 克一个的小面团，把小面团揉搓成圆形。

9. 用擀面杖将面团擀平，将面团卷成卷，揉成橄榄形。

10. 放入烤盘，使其发酵 90 分钟。

11. 将烤箱调为上火 190℃、下火 190℃，预热后放入烤盘，烤 15 分钟至熟。

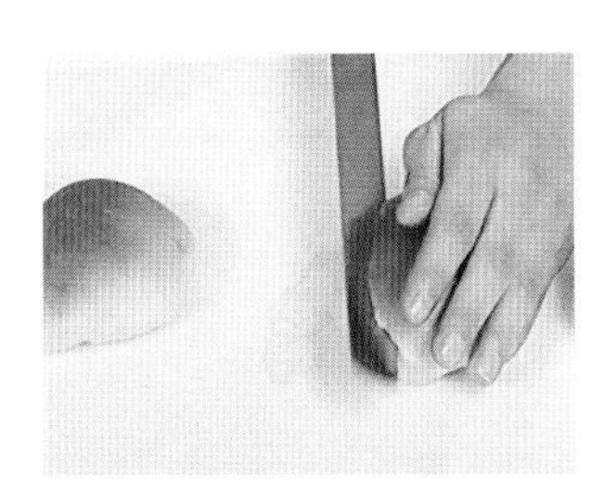

12. 取出面包放凉后用蛋糕刀斜切面包，但不切断。

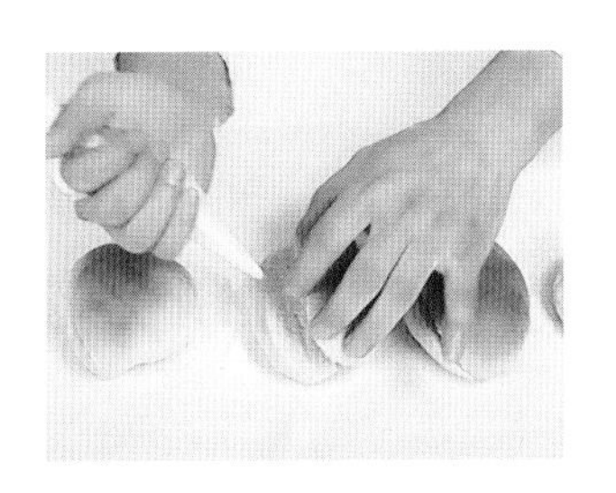

13. 在面包中间挤入沙拉酱。

14. 表面刷上沙拉酱，均匀地铺上肉松，装盘即可。

香葱芝士面包

通关密码

可在发酵好的生坯表面切一刀，塞入足量芝士，这样吃起来时会更有口感。

原料：

面团部分：

高筋面粉…………500克

黄奶油………………70克

奶粉…………………20克

细砂糖……………100克

盐……………………5克

鸡蛋…………………1个

水………………200毫升

酵母…………………8克

面包馅部分：

芝士粒、葱花、

蛋液………………各适量

工具：

刮板1个，面包纸杯数个，烤箱1台，保鲜膜1张

难易程度：中

烤　　制：上火190℃、下火190℃

烤制时间：10分钟

制作方法：

1. 细砂糖加水溶化成糖水；高筋面粉、酵母、奶粉混匀，开窝，倒入糖水，按成形。

2. 加鸡蛋混匀，揉搓成面团。

3. 倒入黄油，揉匀，加入盐，揉搓成光滑的面团。

4. 用保鲜膜包好，静置10分钟。

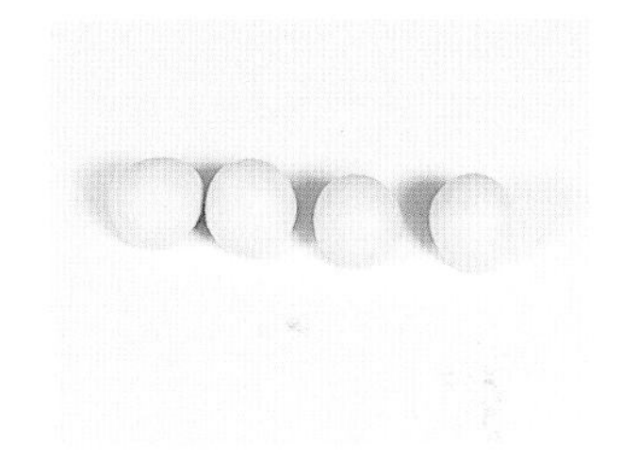

5. 取适量面团，分成4个小剂子，然后将剂子搓成小球状生坯。

6. 放入纸杯发酵2小时，刷蛋液。

7. 放上芝士粒，撒上葱花。

8. 入烤箱，以上下火190℃烤10分钟，即可。

牛角包

难易程度： 难
烤　　制： 上火 200℃
下火 200℃
烤制时间： 15 分钟

原料：

高筋面粉……170 克
低筋面粉……30 克
细砂糖……50 克
黄奶油……20 克
奶粉……12 克
盐……3 克
酵母……5 克
水……88 毫升
鸡蛋……40 克
片状酥油……70 克
蜂蜜……适量

工具：

刮板 1 个
擀面杖 1 根
刀子 1 把
刷子 1 把
烤箱 1 台
油纸 1 张

通关密码

面皮卷成卷后要捏紧，以免散开，影响外观。

制作方法：

1. 低筋面粉、高筋面粉、奶粉、酵母、盐拌匀，用刮板开窝。

2. 倒入水、细砂糖，搅拌均匀；放入鸡蛋，拌匀，揉成面团。

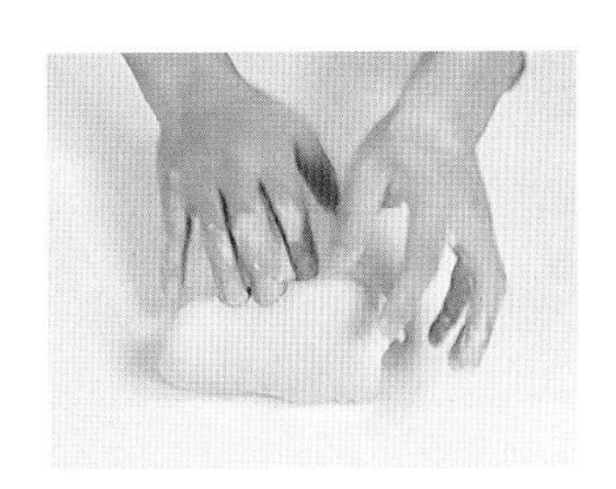

3. 加入黄奶油，与面团混合均匀，揉搓成纯滑的面团，备用。

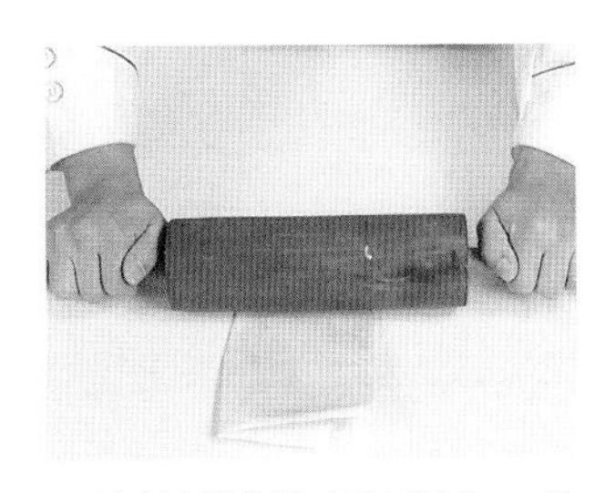

4. 片状酥油放在油纸上，对折略压一下，再用擀面杖擀成薄片，待用。

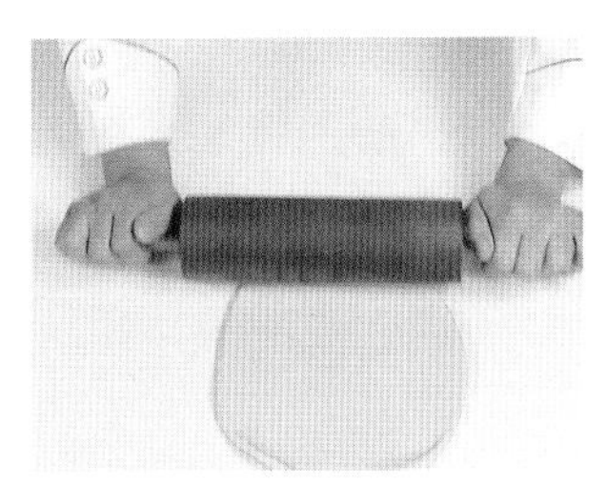

5. 将面团擀成面皮。

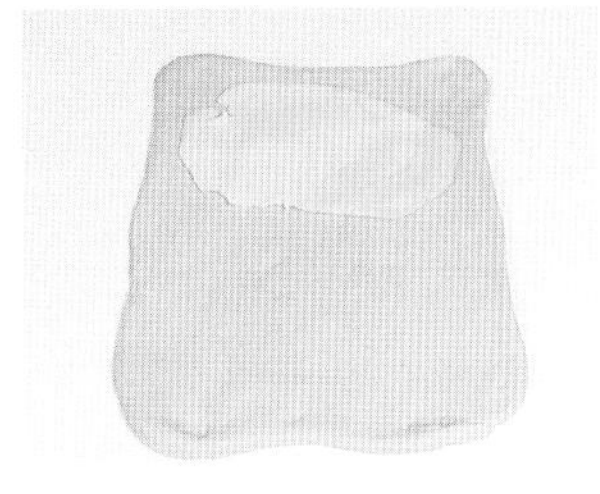

6. 再将面皮整理成长方形，在面皮的一侧放上酥油片。

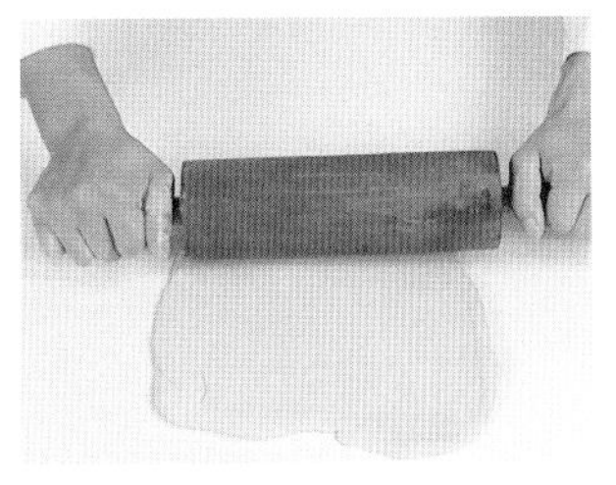

7. 将另一侧的面皮盖上酥油片，把面皮擀平。

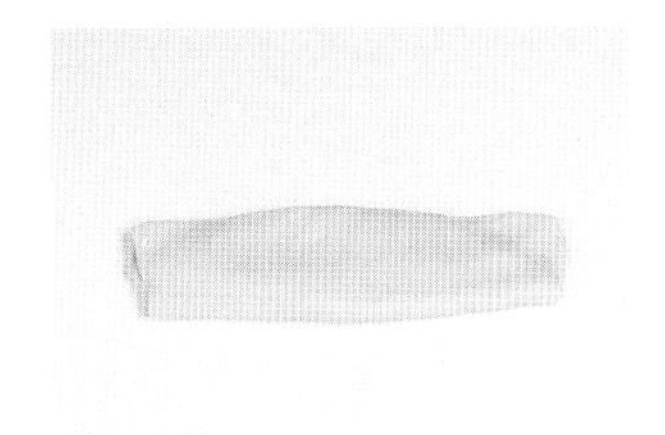

8. 将面片对折两次，放入冰箱，冷藏 10 分钟，取出冷藏好的面团，继续擀平。

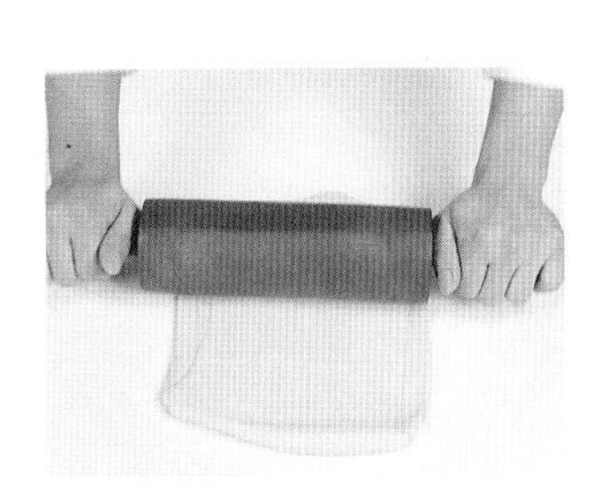

9. 再对折两次，放入冰箱，冷藏 10 分钟，取出冷藏好的面团，再次擀平。

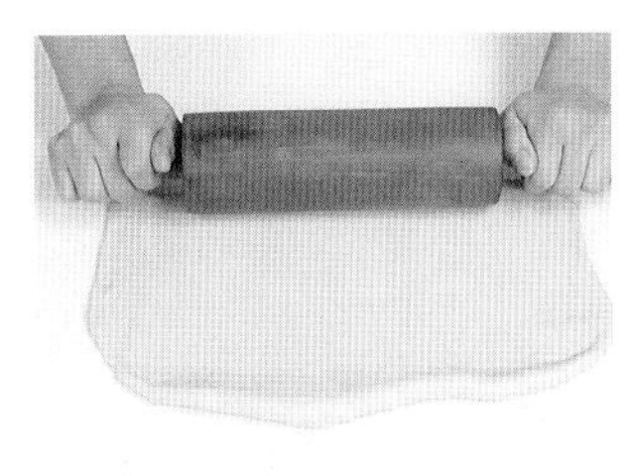

10. 继续对折两次，即成面团，擀平。

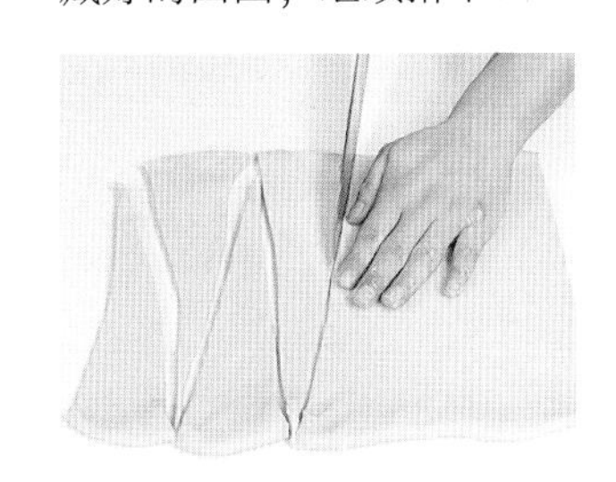

11. 将边缘修整齐，切出四份三角形的面皮。

12. 从三角形底部，慢慢地卷成卷，搓成橄榄形，制成生坯。

13. 放入烤盘，使其发酵 90 分钟。

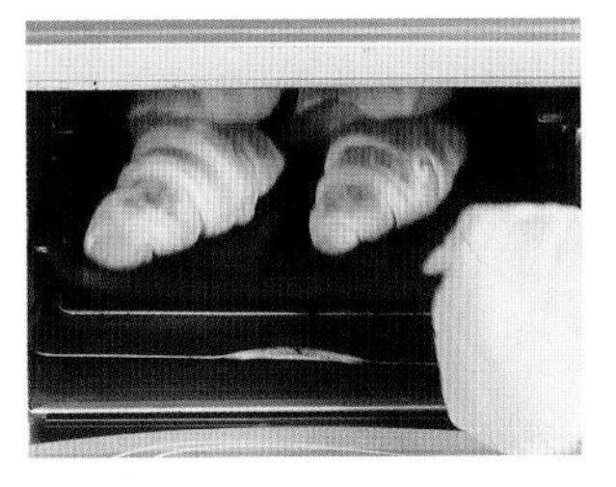

14. 以上下火 200℃烤 15 分钟，取出后刷上蜂蜜即可。

菠萝包

难易程度：难
烤　　制：上火 190℃
下火 190℃
烤制时间：15 分钟

原料：
高筋面粉…………500 克
黄奶油………………70 克
奶粉……………………20 克
细砂糖……………100 克
盐…………………………5 克
鸡蛋……………………50 克
水……………… 200 毫升
酵母………………………8 克

酥皮：
低筋面粉…………125 克
细砂糖……………100 克
黄奶油………………37 克
泡打粉…………………2 克
食粉………………………1 克
臭粉………………………1 克
水………………… 15 毫升

工具：
刮板 1 个
搅拌器 1 个
擀面杖 1 根
刷子 1 把
烤箱 1 台
保鲜膜 2 张
竹签 1 根

制作方法：

1. 细砂糖、水溶化，待用；高筋面粉、酵母、奶粉开窝。

2. 倒入备好的糖水，将材料混合均匀，并按压成形。

3. 加入鸡蛋，将材料混合均匀，揉搓成面团。

4. 将面团稍微拉平，倒入黄奶油，揉搓均匀。

5. 加入适量盐，揉搓成光滑的面团，用保鲜膜将面团包好，静置 10 分钟。

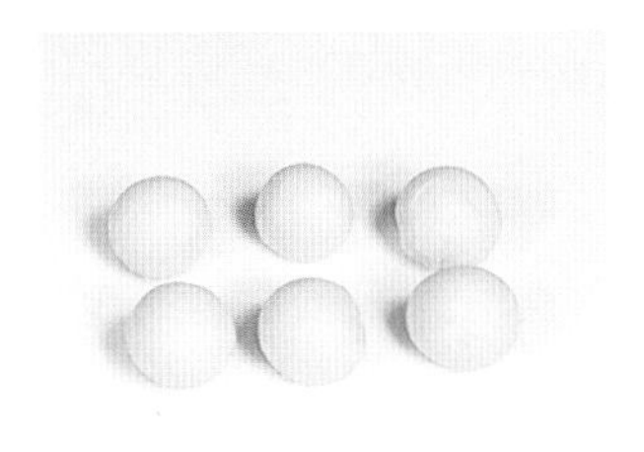

6. 将面团分成数个 60 克一个的小面团，把小面团揉搓成圆形。

7. 再放入烤盘中，使其发酵 90 分钟，备用。

8. 将低筋面粉倒在案台上，用刮板开窝，倒入水、细砂糖，用刮板拌匀。

9. 加入盐、臭粉、食粉，混合均匀，倒入黄奶油。

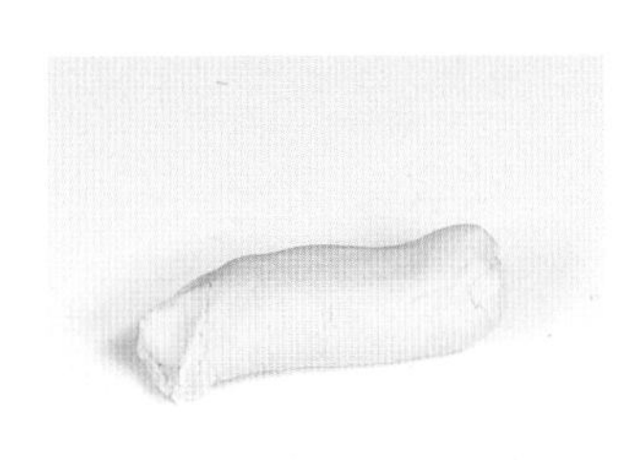

10. 将材料混合均匀，揉搓成纯滑的面团。

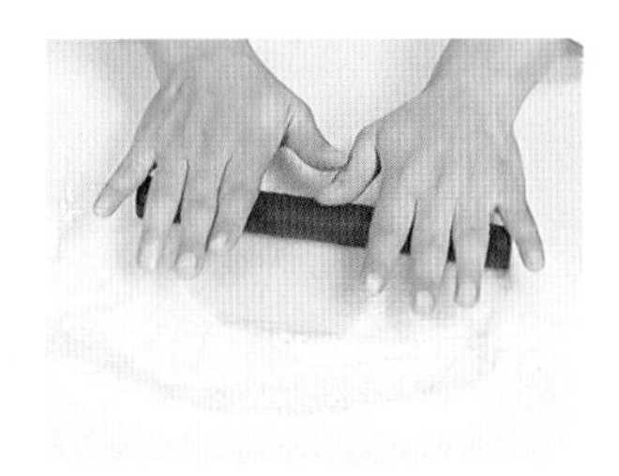

11. 取一小块酥皮，用保鲜膜包好，然后用擀面杖将酥皮擀薄。

12. 把酥皮放在发酵好的面团上，刷上适量蛋液。

13. 用竹签划上十字花形，制成菠萝包生坯。

14. 烤箱调为上下火 190℃，预热后，烤 15 分钟，即可。

坏小子

扫一扫看视频

难易程度： 难

烤　　制： 上火 190℃

下火 190℃

烤制时间： 15 分钟

原料：

面团部分：

高筋面粉…………500 克

黄奶油 ………………70 克

奶粉…………………20 克

细砂糖 ……………100 克

盐 ………………………5 克

鸡蛋…………………50 克

水 ……………… 200 毫升

酵母……………………8 克

面包酱部分：

黄奶油 ………………90 克

可可粉 …………………5 克

低筋面粉……………65 克

鸡蛋……………………1 个

糖粉…………………70 克

工具：

刮板、电动搅拌器、筛网、长柄刮板、搅拌器、裱花袋各 1 个

擀面杖 1 根

剪刀 1 把

蛋糕纸杯 2 个

烤箱 1 台

制作方法：

1. 将细砂糖、水倒入容器中，搅拌至细砂糖溶化，待用。

2. 把高筋面粉、酵母、奶粉倒在案台上，用刮板开窝。

3. 倒入备好的糖水，将材料混合均匀，并按压成形。

4. 加入鸡蛋，将材料混合均匀，揉搓成面团。

5. 将面团稍微拉平，倒入黄奶油，揉搓均匀。

6. 加入适量盐，揉搓成光滑的面团，用保鲜膜将面团包好，静置 10 分钟。

7. 将面团分成数个 60 克一个的小面团，把小面团揉搓成圆形。

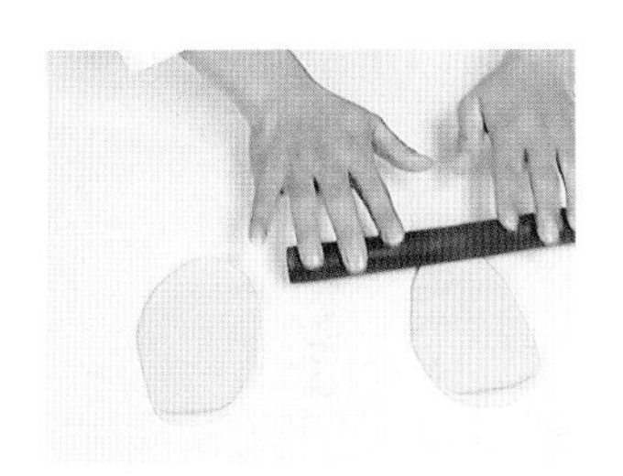

8. 取 2 个小面团用手稍微压平，再用擀面杖擀平，然后卷成卷，揉成橄榄形。

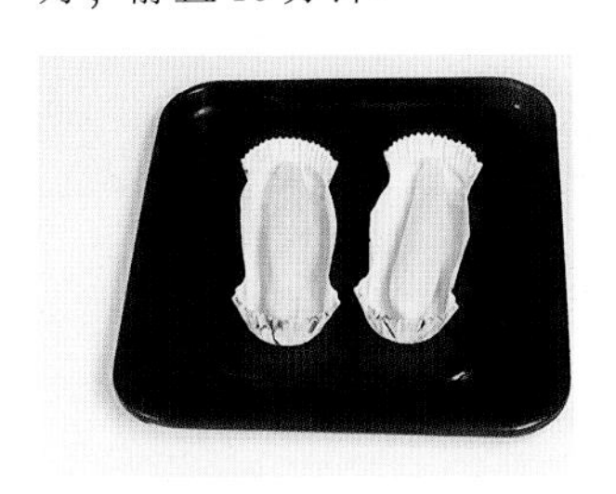

9. 放入纸杯中，再入烤盘使其发酵 90 分钟。

10. 将黄奶油、60 克糖粉倒入大碗中，拌匀，加鸡蛋，快速搅匀。

11. 放入低筋面粉、可可粉，快速拌匀，制成面包酱。

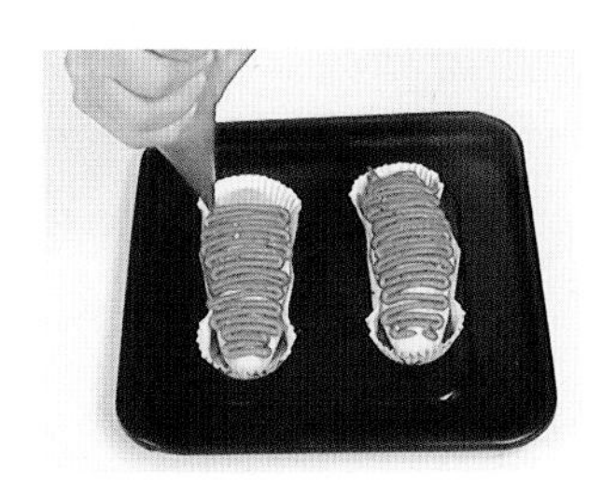

12. 把面包酱装入裱花袋中，将尖端部位剪开一个小口，横向挤满发酵好的面团。

13. 把烤盘放入烤箱，上下火 190℃烤 15 分钟，取出。

14. 在面包上各放一张 1 厘米宽的白纸条，将糖粉过筛至面包上，取走白纸即可。

手撕包

扫一扫看视频

难易程度： 难

烤　　制： 上火 200℃
下火 200℃

烤制时间： 15 分钟

原料：

高筋面粉…………170 克
低筋面粉…………30 克
细砂糖……………50 克
黄奶油……………20 克
奶粉………………12 克
盐…………………3 克
酵母………………5 克
水………………88 毫升
鸡蛋………………40 克
片状酥油…………70 克
蜂蜜……………… 适量

工具：

刮板 1 个
擀面杖 1 根
刀子 1 把
刷子 1 把
烤箱 1 台

通关密码

可以用果酱代替蜂蜜，口感也很好。

制作方法：

1. 将低筋面粉、高筋面粉拌匀，加奶粉、酵母、盐，拌匀。

2. 材料倒在案台上，开窝，加水、细砂糖，拌匀。

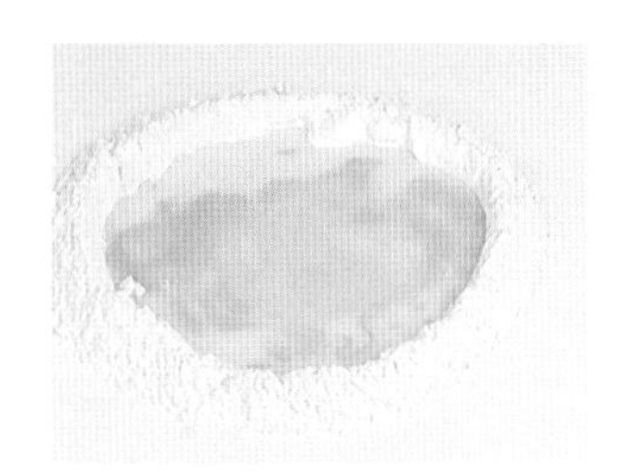

3. 放入鸡蛋，搅拌均匀，揉搓成面团。

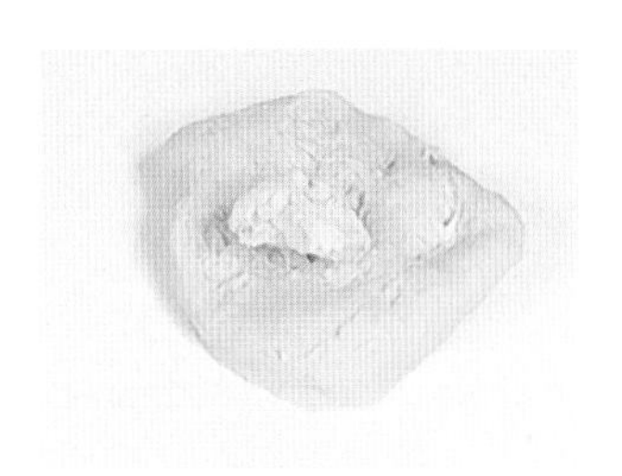

4. 加入黄奶油，与面团混合均匀。

5. 揉搓成纯滑的面团，备用。

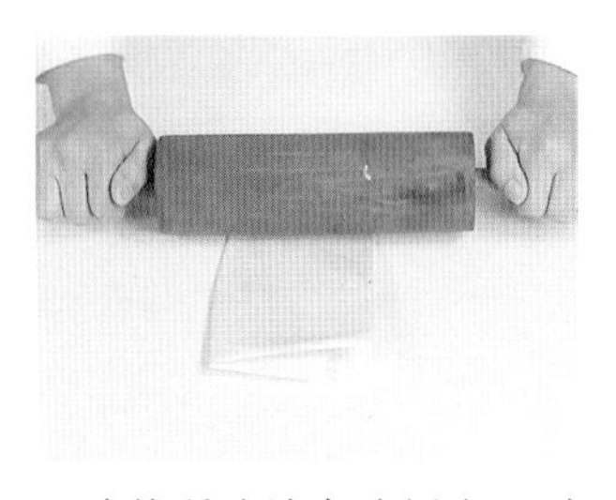

6. 片状酥油放在油纸上，对折，略压一下后再用擀面杖擀成薄片，待用。

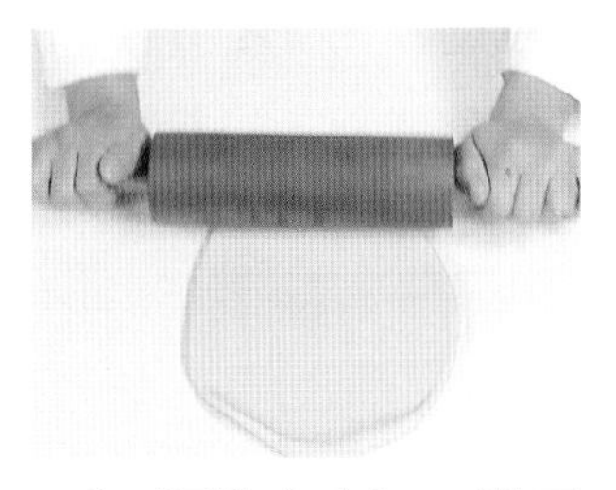

7. 将面团擀成面皮，再将面皮整理成长方形。

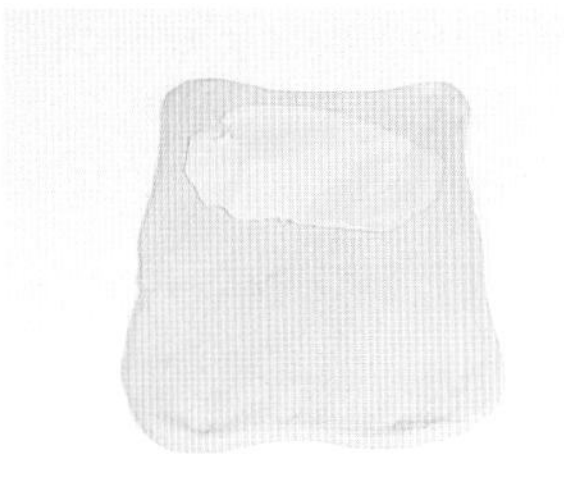

8. 在面皮的一侧放上酥油片，将另一侧的面皮盖上酥油片，把面皮擀平。

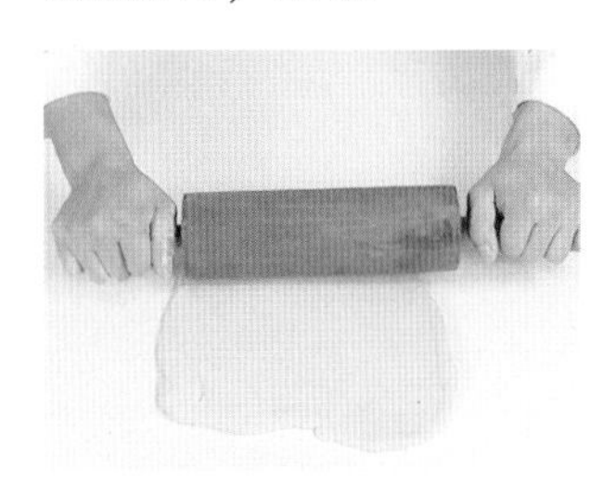

9. 把面皮擀平后再对折两次，放入冰箱，冷藏10分钟，取出冷藏好的面团，擀平。

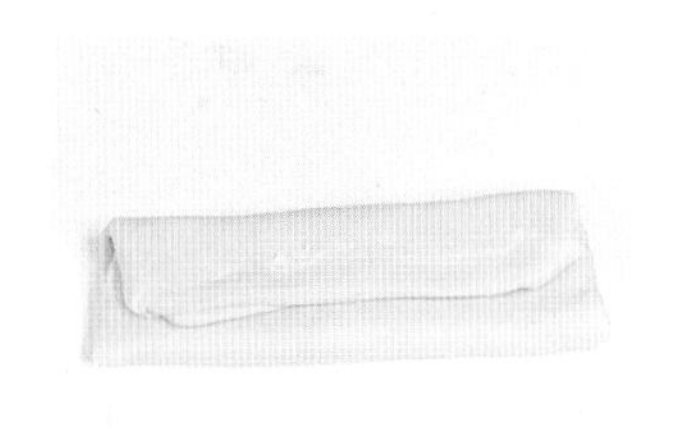

10. 再对折两次，放入冰箱，冷藏10分钟，取出冷藏好的面团，再次擀平。

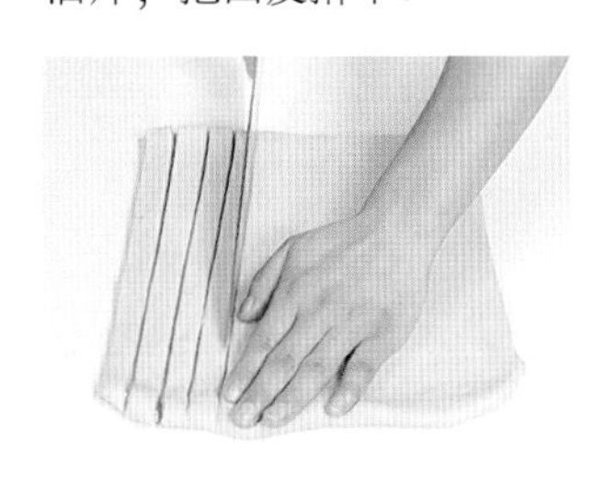

11. 继续对折两次，即成面团，再将面团擀平，切出四份宽约1.5厘米的长形面皮。

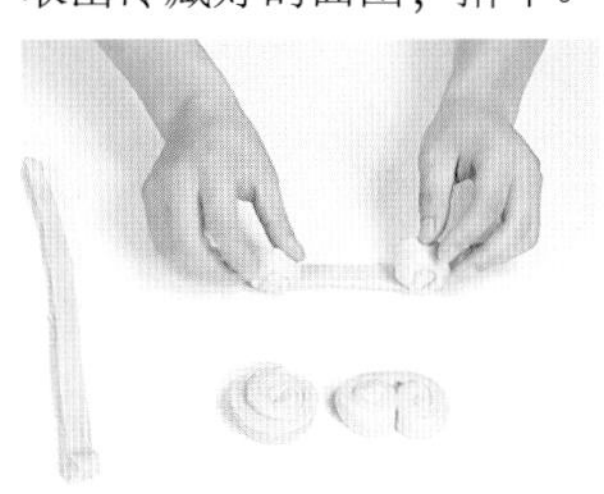

12. 面皮的两端向中间卷，放平，手轻压面团成形。

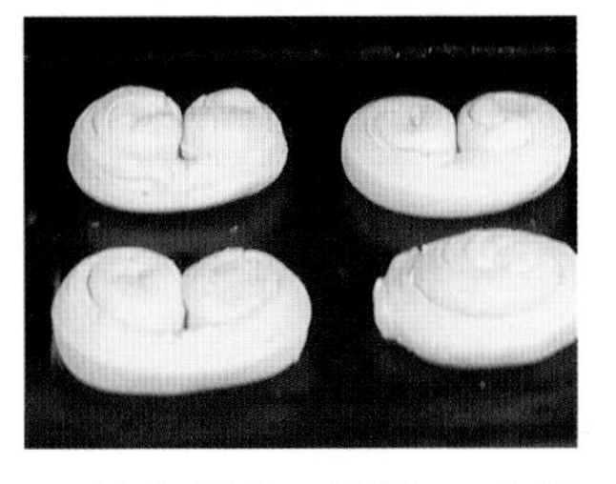

13. 放入烤盘，发酵90分钟后以上下火200℃烤15分钟。

14. 取出烤盘，刷上适量蜂蜜，装入容器中即可。

丹麦吐司

难易程度： 难
烤　　制： 上火 170℃
下火 200℃
烤制时间： 20 分钟

原料：
高筋面粉……………170 克
低筋面粉……………30 克
细砂糖………………50 克
黄奶油………………20 克
奶粉…………………20 克
酵母…………………4 克
水……………………80 毫升
鸡蛋…………………1 个
片状酥油……………70 克
糖粉…………………适量

工具：
刮板 1 个
擀面杖 1 根
烤箱 1 台

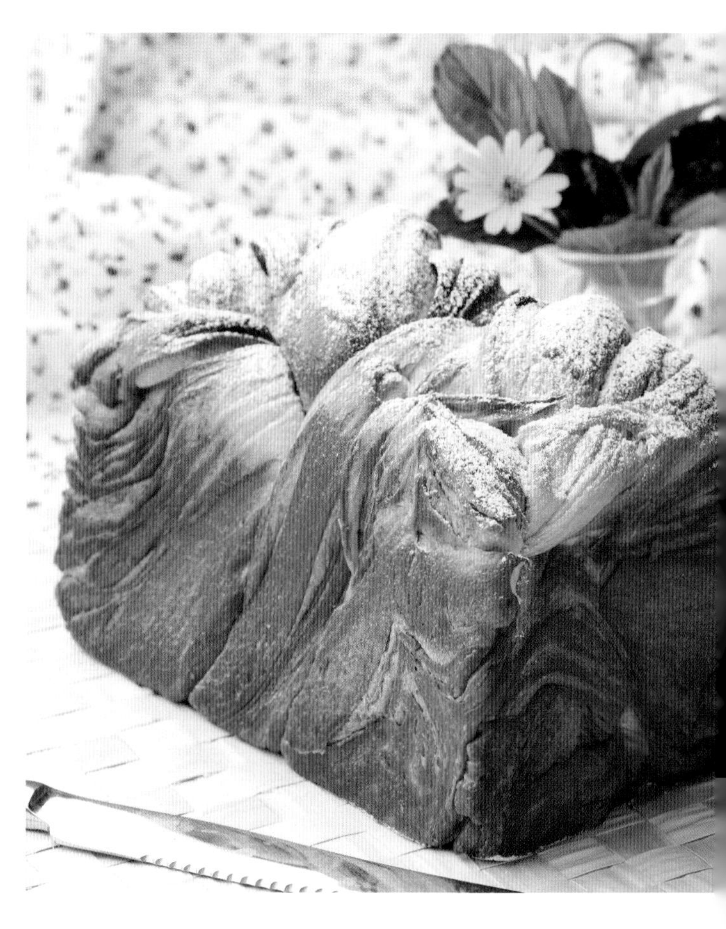

通关密码

在模具中刷一层黄奶油，这样更方便吐司脱模。

制作方法：

1. 低筋面粉和高筋面粉拌匀，加奶粉、酵母、盐，拌匀。

2. 将拌好的材料倒在案台上，用刮板开窝。

3. 倒入水、细砂糖、鸡蛋，搅拌均匀。

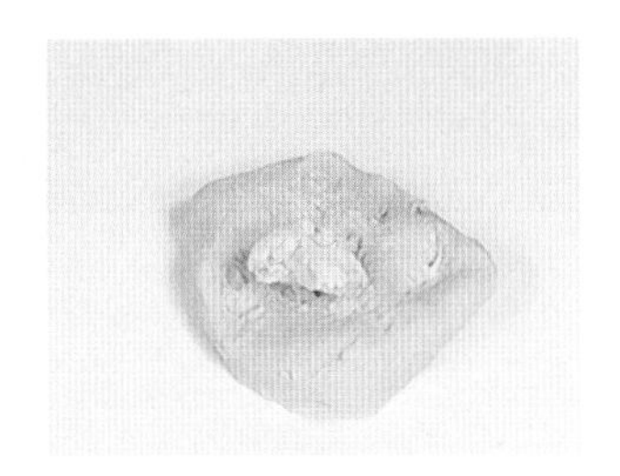

4. 揉搓成面团后加入黄奶油，与面团混合均匀。

5. 揉搓成纯滑的面团，备用。

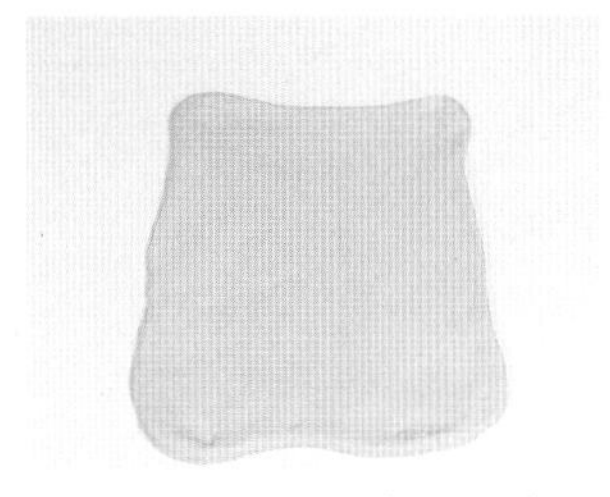

6. 将面团擀成面皮，再将面皮整理成长方形。

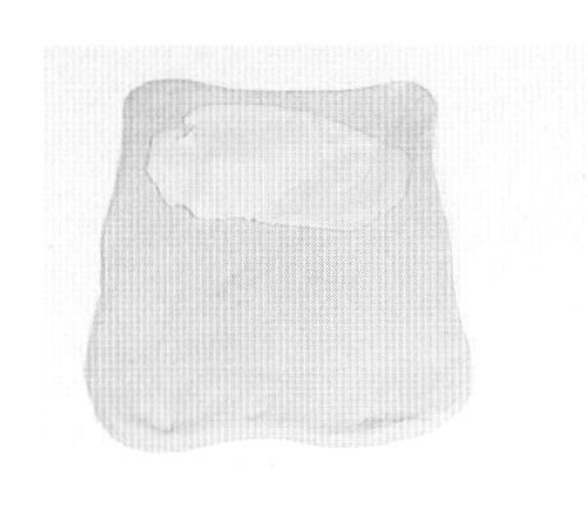

7. 在面皮的一侧放上酥油片，将另一侧的面皮盖上酥油片。

8. 把面皮擀平后将面片对折两次，放入冰箱，冷藏10分钟后取出继续擀平。

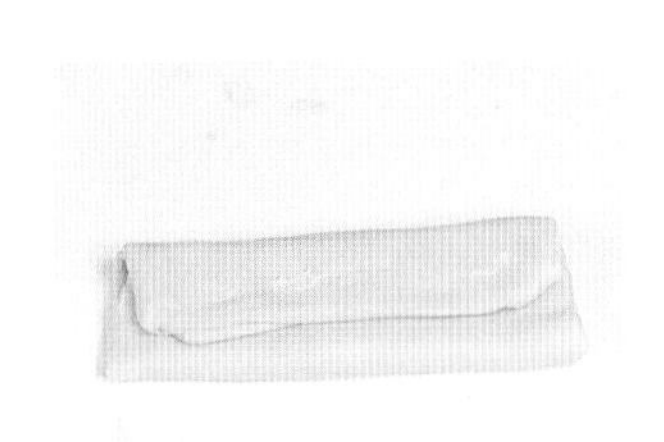

9. 再对折两次，放入冰箱，再冷藏10分钟，取出再次擀平。

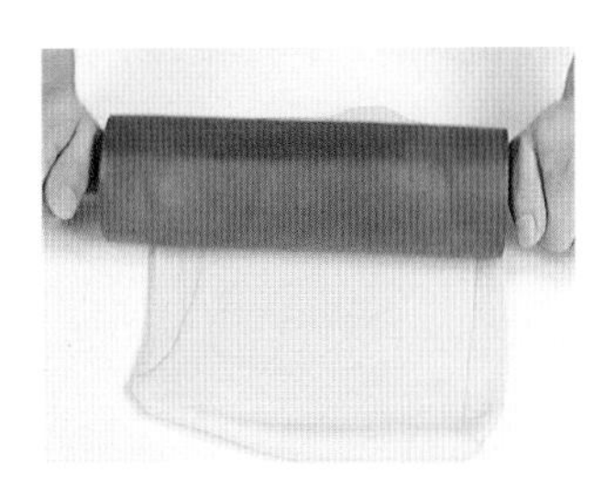

10. 继续把面片对折两次，即成面团。

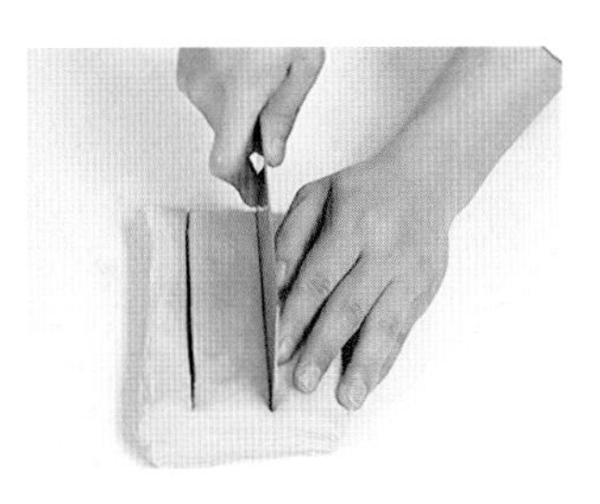

11. 称取一块450克的面团，用刀在面团一端1/5处切成三条。

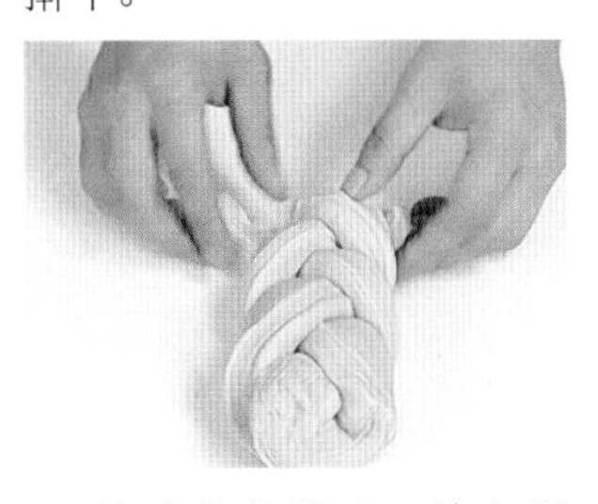

12. 编成麻花辫形，放入刷了黄奶油的模具，发酵90分钟。

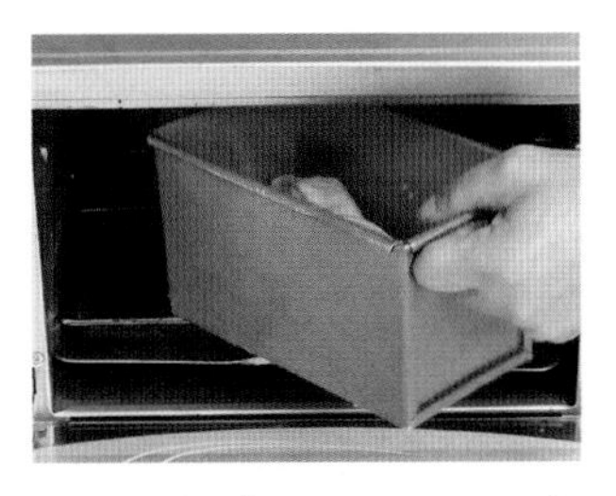

13. 以上火170℃、下火200℃烤20分钟，脱模。

14. 将吐司装盘，糖粉过筛至吐司上即可。

Part 5
小西点

绵密细滑的布丁，滑过舌尖，那点甜，留在了你的心间；
精致香甜的松饼，像是海报，色泽鲜艳，让人难以忘记；
热气腾腾的蛋挞，咬一口，香气扑鼻，烫化心底的柔软；
酥脆的酥皮、厚重的奶油霜、酸酸甜甜的水果，
叠加一起，便成了那一道亮丽的甜品——拿破仑酥……

本章将详细介绍各式小西点的具体烘焙方法，从易到难，
动手的时候更要动脑筋，心与手的磨练，
会让你成为一个心灵手巧的人。

椰子球

通关密码

将材料捏成圆球时，一定要用力捏紧，否则容易散开。

原料：

椰丝……………150克
蛋白………………30克
细砂糖……………30克
盐……………………3克

难易程度： 难
烤　　制： 上火170℃、下火170℃
烤制时间： 15分钟

扫一扫看视频

工具：

电动搅拌器1个
长柄刮板1个

制作方法：

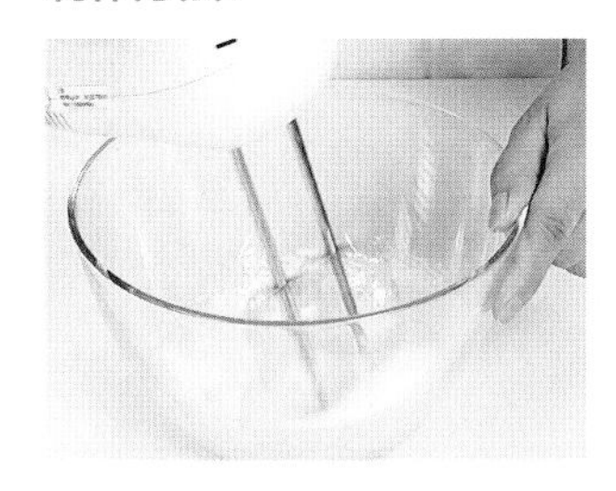

1. 将蛋白倒入容器中，用电动搅拌器快速打发。

2. 加入细砂糖，搅拌均匀。

3. 放入盐，快速拌匀。

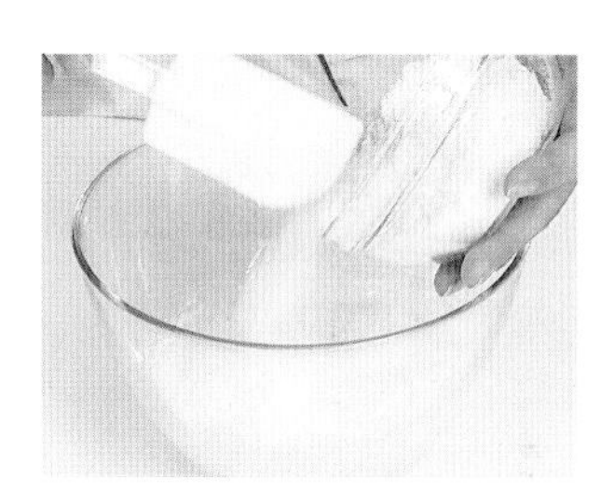

4. 将椰丝倒入容器中，用长柄刮板拌匀。

5. 用手将拌好的材料捏成圆球形，放入烤盘中。

6. 将烤箱温度上下火均调成170℃，放入烤盘烤15分钟。

7. 烤至椰球上色，取出烤好的椰子球，装入盘中即可。

巧克力燕麦能量球

通关密码

做圆球生坯时不宜捏得太紧，这样成品口感会更松软。

原料：

燕麦……………120克
高筋面粉…………40克
奶粉………………20克
细砂糖……………40克
黑巧克力液……100克
蛋黄………………10克
黄油………………40克

工具：

电动搅拌器1个
长柄刮板1个
油纸1张

难易程度：难
烤　　制：上火180℃、下火180℃
烤制时间：20分钟

扫一扫看视频

制作方法：

1. 黑巧克力液倒入容器中，加黄油拌匀。

2. 放入蛋黄，拌匀，接着撒上细砂糖，拌匀，再倒入奶粉拌匀。

3. 倒入高筋面粉，拌匀，放入燕麦，搅拌至食材呈糊状。

4. 再分成数等份，搓成圆球生坯。

5. 烤盘中铺上一张大小适合的油纸，放入生坯，摆放好。

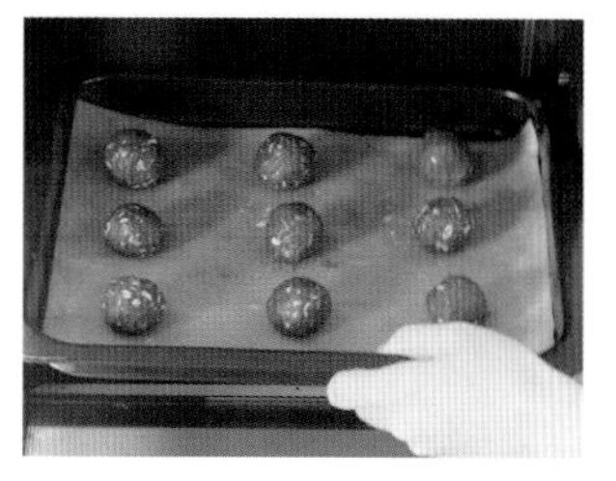

6. 烤箱预热，放入烤盘。

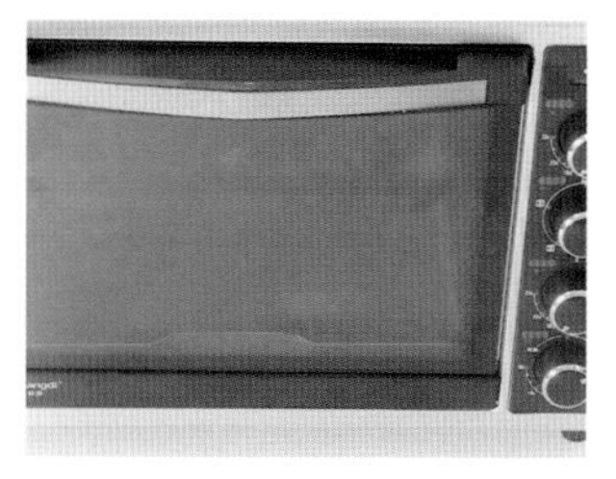

7. 关好烤箱门，以上、下火均为180℃的温度烤约20分钟，至食材熟透。

8. 断电后取出烤盘，稍稍冷却后把成品摆在盘中即可。

蛋白薄脆饼

通关密码

可以在饼坯上刷一层蛋黄液，这样烤出来的成品会更好看。

原料：

低筋面粉⋯⋯⋯⋯200 克

黄油⋯⋯⋯⋯⋯⋯125 克

糖粉⋯⋯⋯⋯⋯⋯200 克

蛋白⋯⋯⋯⋯⋯⋯150 克

难易程度：难

烤　　制：上火 180℃、下火 180℃

烤制时间：15 分钟

扫一扫看视频

工具：

长柄刮板 1 个

电动搅拌器 1 个

裱花袋 1 个

剪刀 1 把

烤箱 1 台

制作方法：

1. 取一玻璃碗，倒入糖粉、黄油，用电动搅拌器打发至呈乳白色。

2. 分两次加入蛋白，依次搅拌均匀。

3. 倒入低筋面粉，稍拌一下。

4. 开动搅拌器搅匀，搅拌至呈淡白色。

5. 用长柄刮板将拌好的浆料填入裱花袋里，顶端剪一个小孔。

6. 往烤盘里垫上一层烘焙纸，在里面挤出多个大小均等的饼坯。

7. 将烤盘放入烤箱中，以上火 180℃、下火 180℃烤 15 分钟至熟。

8. 取出烤盘，将烤好的饼干装盘即可。

草莓牛奶布丁

通关密码

牛奶一定要放凉后再倒入蛋液中，以免蛋液结块。

原料：

牛奶…………500毫升

细砂糖……………40克

香草粉……………10克

蛋黄…………………2个

鸡蛋…………………3个

草莓粒……………20克

工具：

量杯1个

搅拌器1个

筛网1个

牛奶杯4个

烤箱1台

难易程度： 难

烤　　制： 上火160℃、下火160℃

烤制时间： 15分钟

扫一扫看视频

制作方法：

1. 将锅置于火上，倒入牛奶，小火煮热。

2. 加入细砂糖、香草粉，改大火，拌匀，关火后放凉。

3. 依次将鸡蛋、蛋黄倒入容器中，用搅拌器拌匀。

4. 把放凉的牛奶慢慢地倒入蛋液中，边倒边搅拌。

5. 将拌好的材料用筛网过筛两次。

6. 先倒入量杯中，再倒入牛奶杯，至八分满即可。

7. 将牛奶杯放入烤盘中，烤盘中加水。

8. 将烤盘放入烤箱中，上下火均160℃，烤15分钟。晾凉后，放入草莓粒装饰。

焦糖布丁

通关密码

煮焦糖的时候要不停地晃动锅，以免产生煳味。

原料：

蛋黄……………………2 个
鸡蛋……………………3 个
牛奶…………… 250 毫升
香草粉 ………………1 克
细砂糖 …………250 克
清水……………………适量

工具：

筛网 1 个
量杯 1 个
牛奶杯数个
搅拌器 1 个
烤箱 1 台

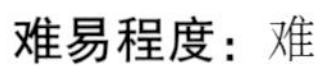

难易程度：难
烤　　制：上火 175℃、下火 180℃
烤制时间：15 分钟

扫一扫看视频

制作方法：

1. 锅中倒入 200 克细砂糖，注水拌匀，煮约 3 分钟，至材料呈琥珀色，即成焦糖。

2. 关火，将焦糖倒入牛奶杯，常温下冷却 10 分钟。

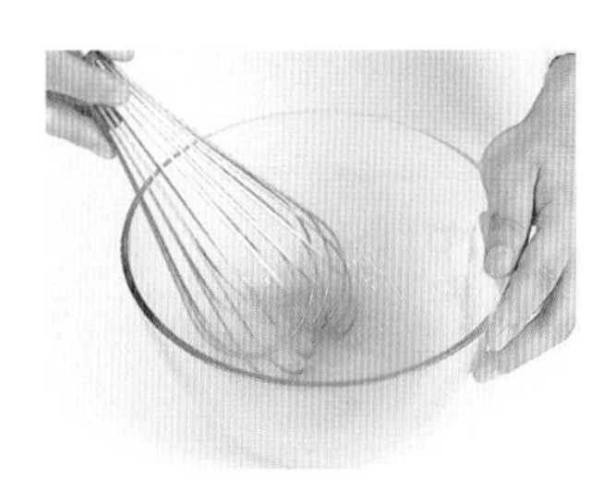

3. 大碗中倒入鸡蛋、蛋黄，放入 50 克细砂糖，撒上香草粉拌匀。

4. 注入牛奶，快速搅拌至糖分完全溶化，制成蛋液。

5. 将蛋液倒入量杯，再过筛两遍，滤出杂质。

6. 取牛奶杯倒入蛋液，至七八分满，制成布丁生坯。

7. 装有生坯的牛奶杯放入烤盘中，在烤盘中倒入清水。

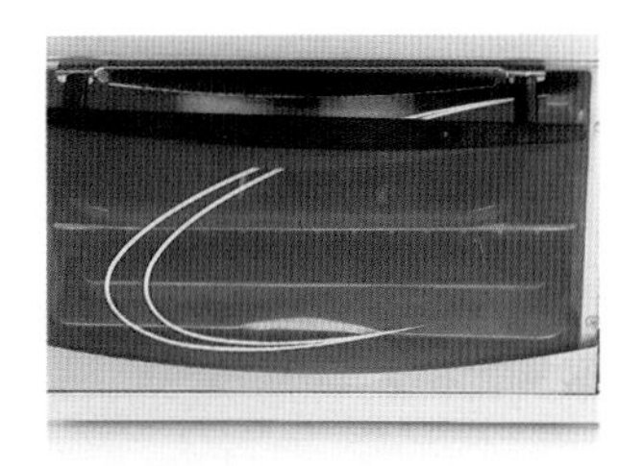

8. 烤箱预热，放入烤盘，以上火 175℃、下火 180℃烤约 15 分钟，取出即可。

蓝莓布丁

通关密码

过滤蛋奶液时可多过滤几次，这样口感更细滑。

原料：

鸡蛋……………………3个
蛋黄……………………2个
牛奶…………450毫升
细砂糖………………40克
香草粉………………5克
蓝莓………………… 适量

工具：

滤网1个
搅拌器1个
量杯1个
布丁模具4个
烤箱1台

难易程度：易
烤　　制：上火180℃、下火160℃
烤制时间：20分钟

扫一扫看视频

制作方法：

1. 奶锅置火上，倒入细砂糖和牛奶，拌匀。

2. 再撒上香草粉，拌匀，略煮一会儿，至糖分完全溶化。

3. 关火后倒入鸡蛋和蛋黄，拌匀，待凉。

4. 将放凉后的材料用细筛网过滤两次，制成蛋奶液。

5. 取备好的玻璃杯，放在烤盘中，摆放整齐。

6. 注入适量的蛋奶液，至六七分满。

7. 依次撒上蓝莓，向烤盘中注入适量清水，至水位淹没容器的底座，待用。

8. 烤箱预热，放入烤盘，上火180℃、下火160℃烤约20分钟，取出即可。

水晶玫瑰布丁

通关密码

琼脂要煮至完全溶化，不然布丁的口感不好。

原料：

玫瑰花酱…………20克
干玫瑰花…………10克
琼脂…………………4克
开水…………200毫升
凉水………………适量

工具：

保鲜膜适量

难易程度：易
冷　　藏：0~5℃
烤制时间：2小时

扫一扫看视频

制作方法：

1. 取一碗，注入适量凉水，放入琼脂，浸泡至软。

2. 取一杯子，注入适量热水，加入干玫瑰花，浸泡3分钟至有效成分析出。

3. 将泡好的玫瑰花茶过滤到碗中，待用。

4. 锅置于火上，倒入玫瑰花茶，放入泡好的琼脂。

5. 开小火，不停搅拌，至琼脂溶化。

6. 关火后盛出煮好的布丁液，装入碗中放凉待用。

7. 待放凉后盖上保鲜膜，放入冰箱冷藏2个小时，至其凝固。

8. 取出冷藏好的布丁，撕掉保鲜膜即可。

牛奶棒

通关密码

切面皮时，要切得粗细均匀，这样成品更美观。

原料：

黄油…………………70 克
奶粉…………………60 克
鸡蛋……………………1 个
牛奶…………… 25 毫升
中筋面粉…………250 克
细砂糖 ……………80 克
泡打粉 ………………2 克

工具：

刮板 1 个
保鲜膜 1 张
烤箱 1 台

难易程度： 中
烤　　制： 上火 170℃、下火 160℃
烤制时间： 15 分钟

扫一扫看视频

制作方法：

1. 中筋面粉倒在面板上，加入奶粉以及泡打粉，拌匀，开窝。

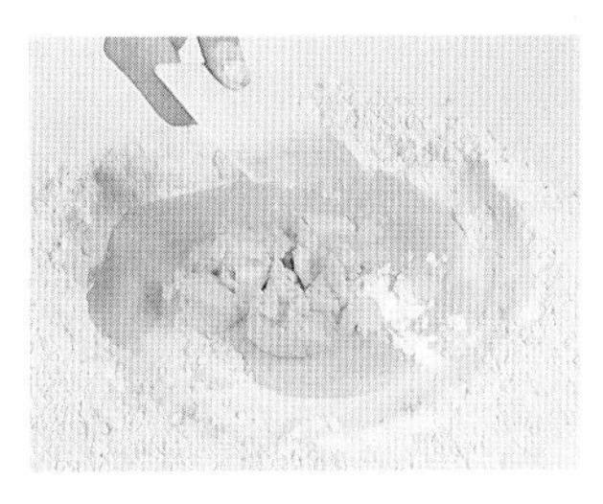
2. 倒入细砂糖、鸡蛋，注入牛奶，放入黄油。

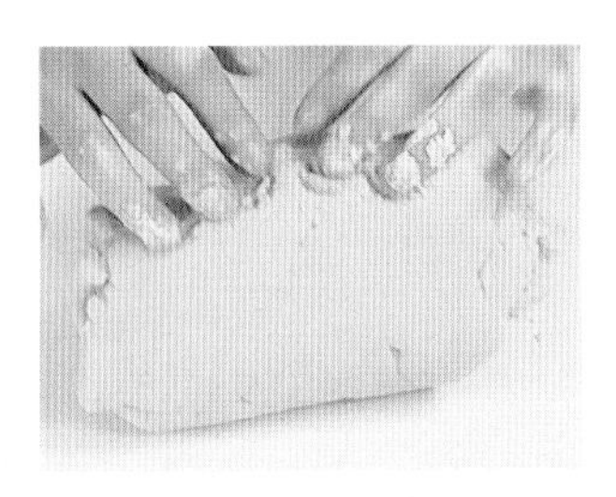
3. 慢慢和匀，使材料融在一起，再揉成面团。

4. 将面团压平，用保鲜膜包好，放入冰箱冷藏 30 分钟。

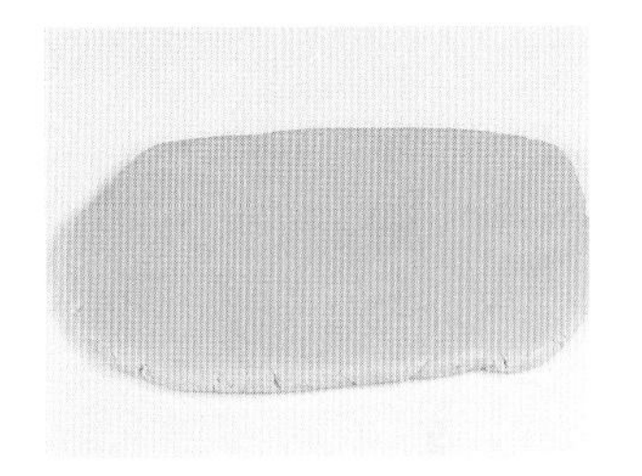
5. 取出面团，撕去保鲜膜，擀平。

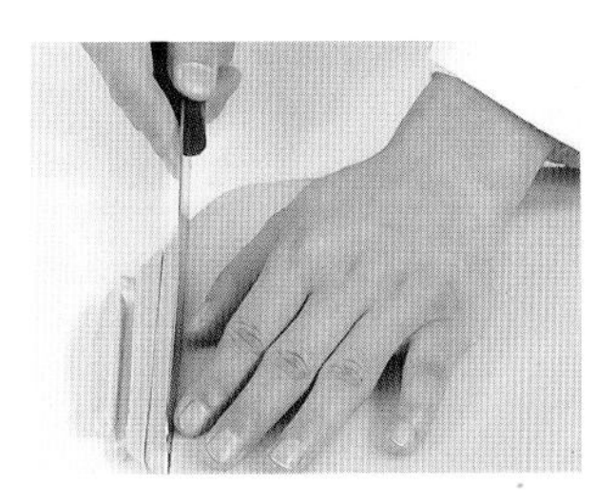
6. 用刀将面皮切成 1 厘米左右宽的长方条。

7. 放在铺有锡纸的烤盘上。

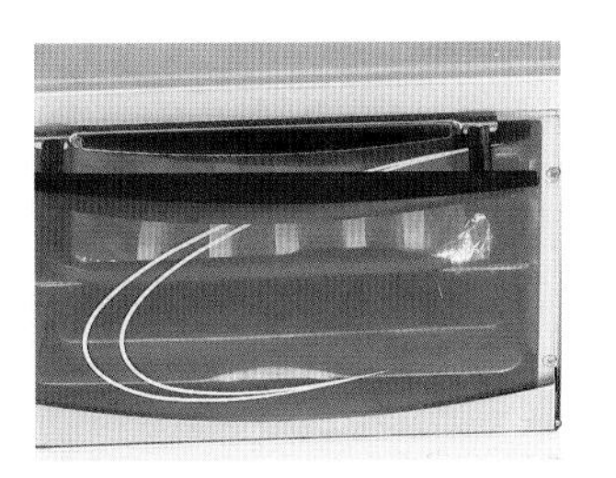
8. 烤箱预热，放入烤盘，以上火 170℃、下火 160℃ 烤 15 分钟至食材熟透，即可。

奶油松饼

通关密码

奶油不要抹太多，否则成品会油腻，影响口感。

原料：

牛奶…………200毫升
低筋面粉………180克
蛋清…………………3个
蛋黄…………………3个
溶化的黄奶油……30克
细砂糖……………75克
泡打粉……………5克
盐……………………2克
黄奶油…………… 适量
打发的鲜奶油……10克

工具：

电动搅拌器1个
三角刮板、搅拌器各1个
华夫炉1台
蛋糕刀1把

难易程度：中
烤　　制：200℃
烤制时间：2分钟

扫一扫看视频

制作方法：

1. 将细砂糖、牛奶倒入容器中，拌匀。

2. 加入低筋面粉、蛋黄、泡打粉、盐、黄油，搅拌均匀，至其呈糊状。

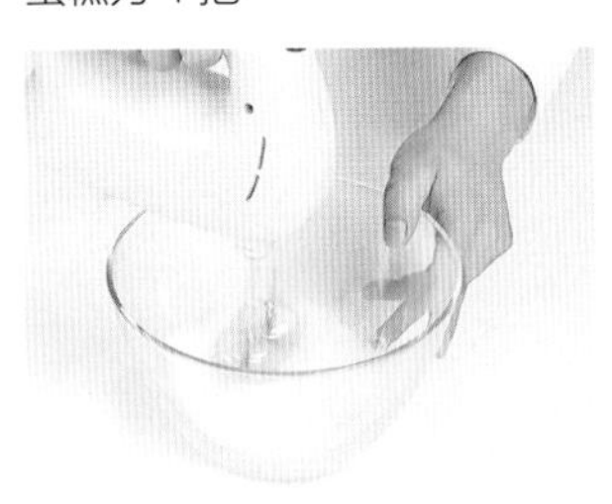
3. 将蛋清倒入另一个容器中，搅拌打发。

4. 把打发好的蛋清倒入面糊中，搅拌匀。

5. 将华夫炉的温度调成200℃，预热，在炉子内涂黄奶油，至其融化。

6. 将拌好的材料倒入炉具中，至其起泡，盖上盖，烤2分钟至熟。

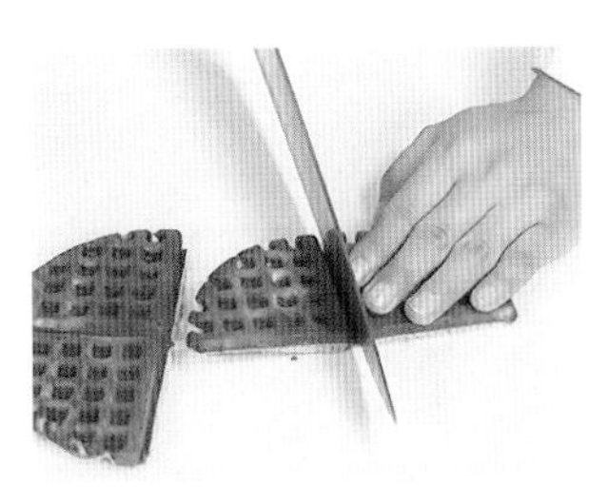
7. 取出松饼，放在白纸上，切成4等份。

8. 在一块松饼上抹适量鲜奶油盖上另一松饼，依此做余下的松饼，中间切开装盘。

日式泡芙

难易程度： 中

烤　　制： 上火 190℃

下火 200℃

烤制时间： 20 分钟

原料：

奶油…………………60 克

高筋面粉…………60 克

鸡蛋…………………2 个

牛奶……………60 毫升

清水……………60 毫升

植物鲜奶油 ……300 克

糖粉………………… 适量

工具：

刮板 1 个

电动搅拌器 1 个

三角铁板 1 个

裱花袋 1 个

花嘴 1 个

保鲜膜适量

锡纸 1 卷

小刀 1 把

通关密码

鸡蛋一定要分次加入面糊中，这样有利于掌握面糊的稀厚度。

制作方法：

1. 锅放在火上加热，加水、牛奶、奶油。

2. 搅匀，关火，倒入高筋面粉，用三角铁板拌成团。

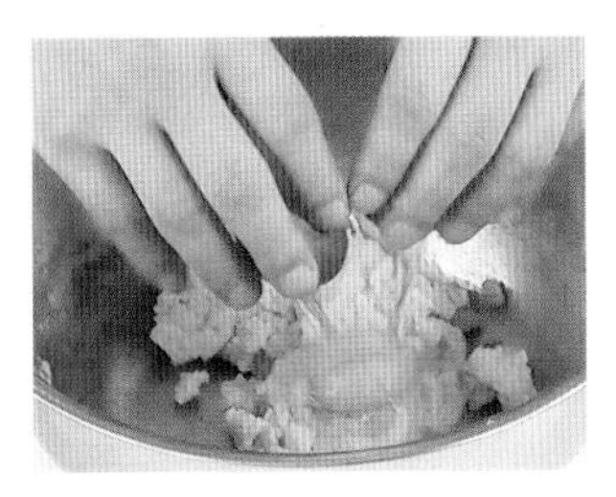

3. 打入一个鸡蛋，用电动搅拌器快速拌匀，再加入另一个鸡蛋。

4. 继续拌匀至糊状，即成泡芙浆。

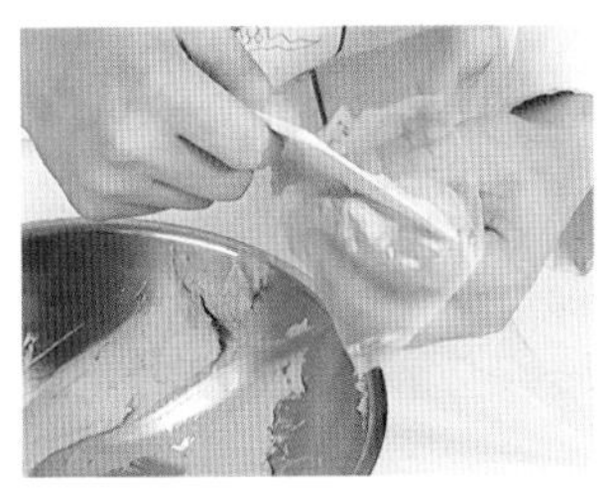

5. 用刮板将泡芙浆装入裱花袋中。

6. 锡纸放烤盘上。

7. 将泡芙浆挤到锡纸上，成宝塔状。

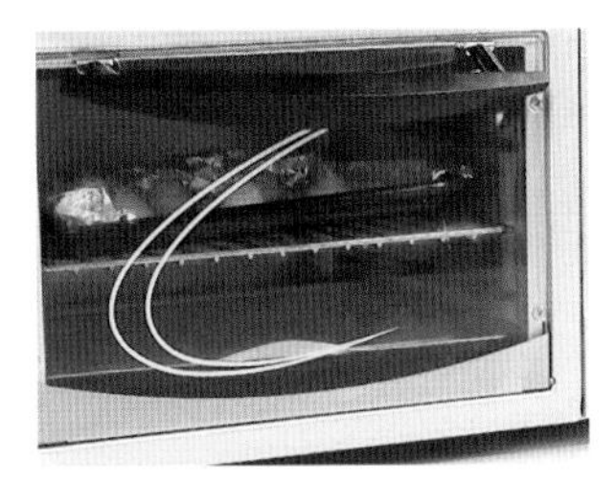

8. 放入预热好的烤箱中，上火 190℃、下火 200℃烤 20 分钟至呈金黄色。

9. 取出烤盘。

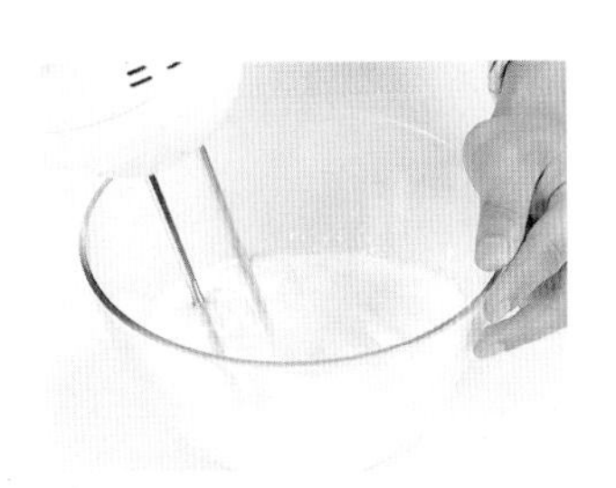

10. 植物鲜奶油用电动搅拌器慢速搅拌 5 分钟。

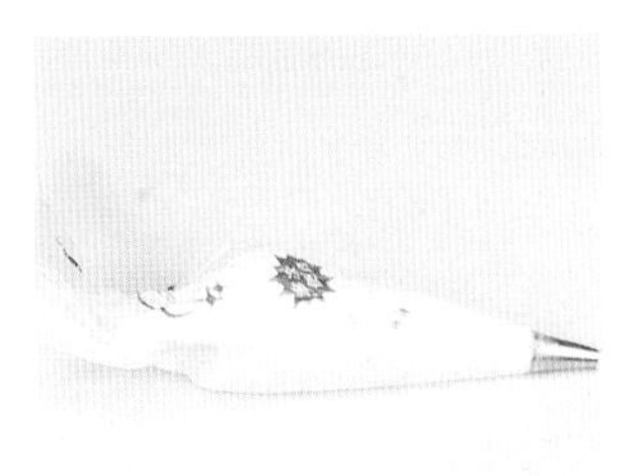

11. 将打发好的植物鲜奶油装入裱花袋中。

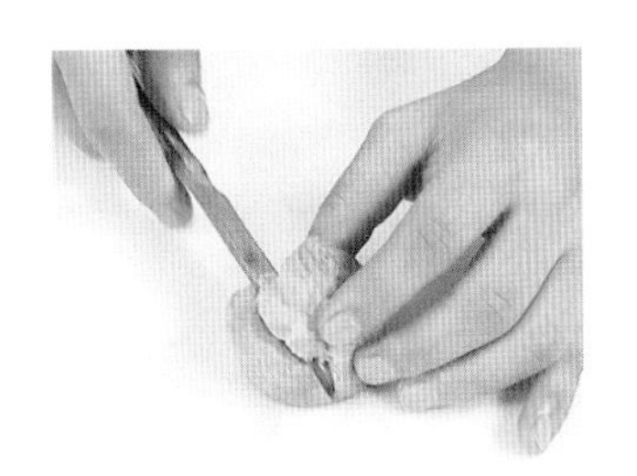

12. 用刀在泡芙上横切一道口子。

13. 将奶油依次挤到泡芙中。

14. 再均匀撒上糖粉，即可食用。

可丽饼

难易程度：难

烤制时间：30秒

原料：

黄奶油……………15克
白砂糖………………8克
盐……………………1克
低筋面粉…………100克
鲜奶…………250毫升
鸡蛋…………………3个
鲜奶油……………适量
草莓………………适量
蓝莓………………适量
黑巧克力液………适量

工具：

搅拌器1个
裱花袋1个

通关密码

煎制可丽饼时火候不要过大，以免成品颜色太深。

制作方法：

1. 将鸡蛋、白砂糖倒入碗中，快速拌匀。

2. 放入鲜奶、盐、黄奶油，搅拌均匀。

3. 将低筋面粉过筛至碗中，搅拌匀，呈糊状。

4. 将拌好的面糊放入冰箱，冷藏 30 分钟。

5. 煎锅置于火炉上，倒入适量的面糊，煎约 30 秒至金黄色，呈饼状。

6. 将煎好的饼折两折。

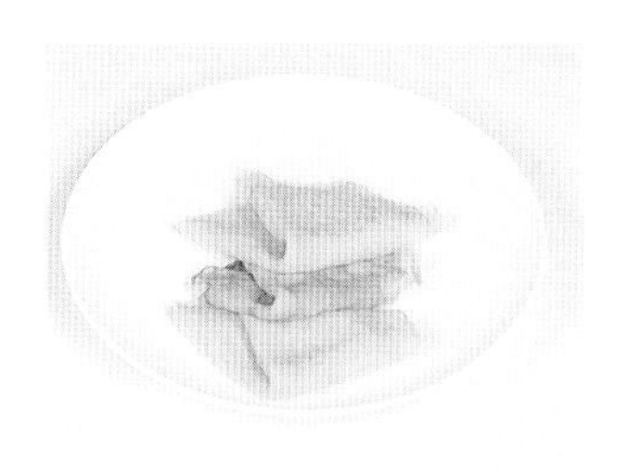

7. 取出，装入盘中。

8. 依次将剩余的面糊倒入煎锅中，煎成面饼，以层叠的方式装入盘中。

9. 将花嘴模具装入裱花袋中，把裱花袋尖端部位剪开，倒入已打发的鲜奶油。

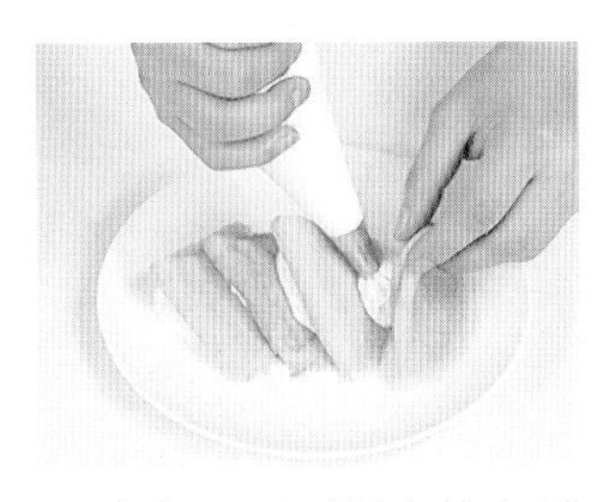

10. 在每一层面饼上挤入鲜奶油。

11. 再往盘子两边挤上适量的鲜奶油，将草莓摆放在盘子两边的鲜奶油上。

12. 在面饼上撒入适量蓝莓。

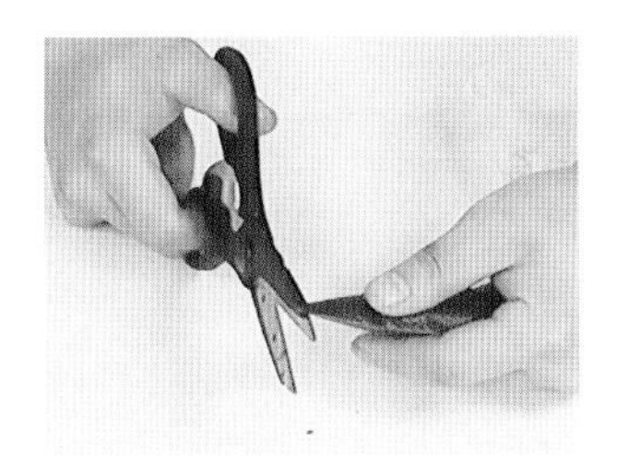

13. 将黑巧克力液倒入裱花袋中，并在尖端部位剪一个小口。

14. 最后在面饼上快速来回划几下即可。

脆皮蛋挞

通关密码

因为挞皮烤熟后会膨胀，所以倒入的蛋挞液至七八分满即可。

原料：

低筋面粉⋯⋯⋯⋯220 克
高筋面粉⋯⋯⋯⋯30 克
黄奶油⋯⋯⋯⋯⋯40 克
细砂糖⋯⋯⋯⋯⋯55 克
盐⋯⋯⋯⋯⋯⋯⋯1.5 克
片状酥油⋯⋯⋯⋯180 克
清水⋯⋯⋯⋯⋯375 毫升
鸡蛋⋯⋯⋯⋯⋯⋯2 个

工具：

擀面杖、搅拌器、刮板、圆形模具、量杯、筛网各 1 个
蛋挞模 4 个
烤箱 1 台

难易程度：中
烤　　制：上火 200℃、下火 220℃
烤制时间：10 分钟

扫一扫看视频

制作方法：

1. 将低筋面粉、高筋面粉、5 克细砂糖、盐、250 毫升水、黄油混匀，揉成面团，静置 10 分钟。

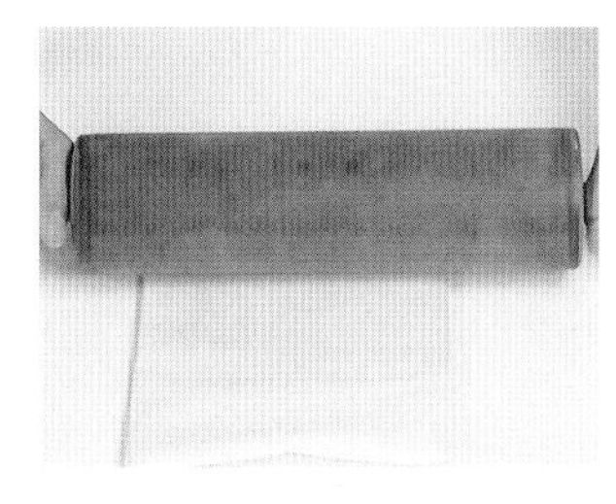

2. 片状酥油用纸包好，用擀面杖擀平。

3. 面团擀平后，在一侧放上片状酥油。

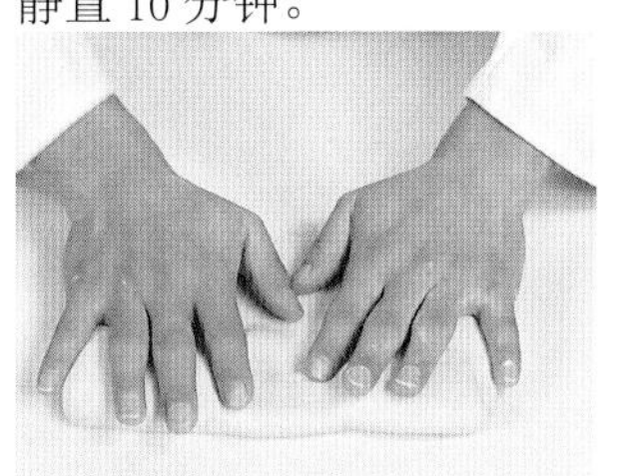

4. 盖上面皮，擀薄，对折 4 次，冷藏 10 分钟，重复上述操作 3 次。

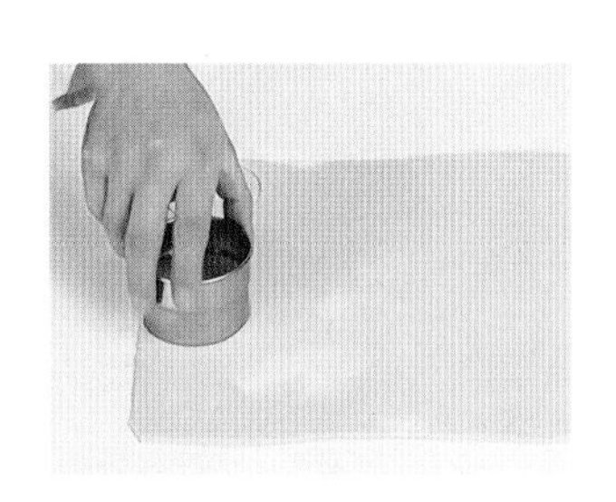

5. 冷藏过的面皮擀薄，用圆形模具压出 4 块面皮。

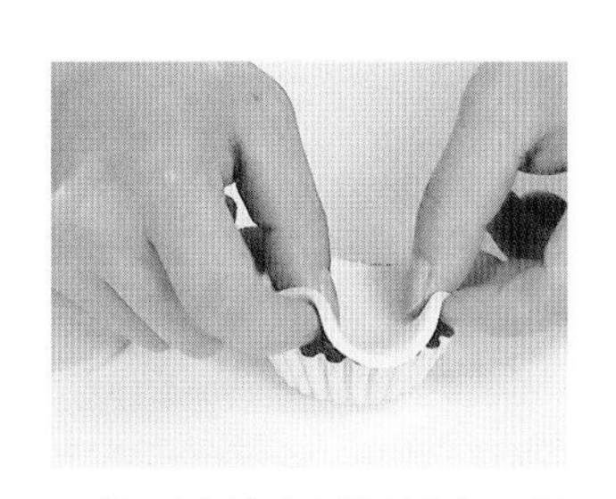

6. 将面皮放入蛋挞模中，沿着边缘捏紧。

7. 将 125 毫升清水、50 克细砂糖、鸡蛋倒入碗中，搅匀，过筛两遍，倒入蛋挞模中。

8. 入烤箱，以上火 200℃、下火 220℃ 烤 10 分钟，取出脱模即可。

草莓塔

难易程度： 难
烤　　制： 上火 180℃
下火 180℃
烤制时间： 20 分钟

原料：

卡士达酱：

蛋黄……………………2 个
牛奶………… 170 毫升
细砂糖……………50 克
低筋面粉…………16 克

杏仁馅：

奶油…………………75 克
糖粉…………………75 克
杏仁粉………………75 克
鸡蛋…………………2 个

挞皮：

糖粉…………………75 克
低筋面粉…………225 克
黄奶油……………150 克
白砂糖……………100 克
鸡蛋…………………1 个

装饰材料：

草莓………………… 适量

工具：

蛋挞模 4 个
搅拌器 1 个
花嘴 1 个
刮板 1 个

制作方法：

1. 将黄奶油、糖粉拌匀，打入 1 个鸡蛋，搅拌均匀。

2. 加入 110 克低筋面粉，用搅拌器拌匀。

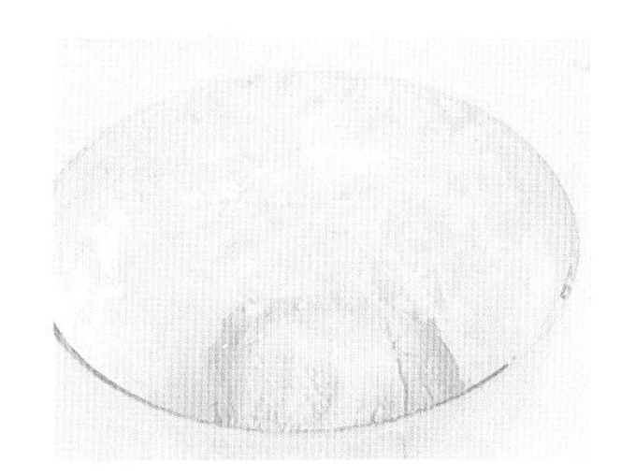

3. 再加入剩下的低筋面粉，拌匀，并揉成面团。

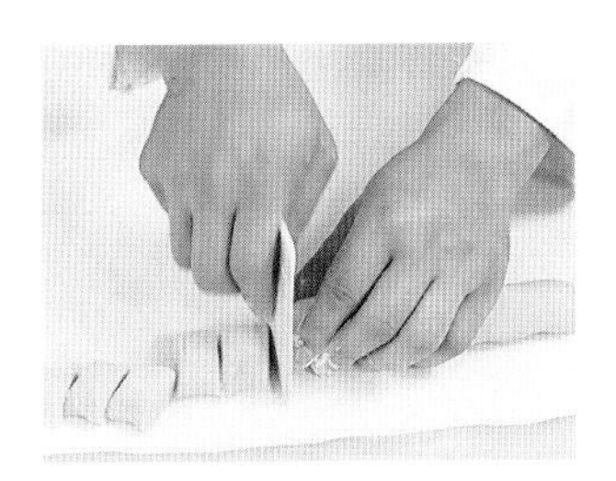

4. 在台面上撒少许低筋面粉，将面团搓成长条，用刮板切成30克一个的小剂子。

5. 将小剂子放在手上搓圆，沾上低筋面粉。

6. 再粘在蛋挞模上，沿着边沿按紧。

7. 将鸡蛋、糖粉拌匀，加奶油，拌匀，再加杏仁粉，拌匀成糊状。

8. 将拌好的杏仁馅装入蛋挞模中，八分满，放入烤盘中。

9. 将烤盘放入预热好的烤箱中，以上下火180℃烤20分钟。

10. 将牛奶倒入锅中，小火煮开后加细砂糖，快速拌匀。

11. 倒入蛋黄，拌匀，加低筋面粉，拌匀，煮至成面糊状，即成卡士达酱。

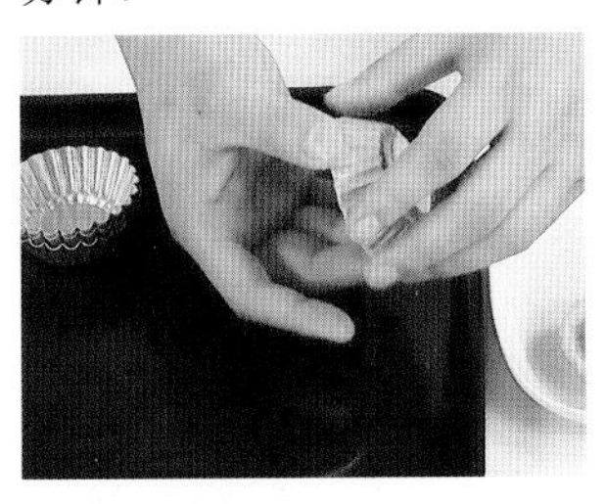

12. 从烤箱中取出烤盘，去除模具，放在盘中。

13. 将卡士达酱装入裱花袋中；将草莓切一分为二，不切断。

14. 将卡达士酱挤在蛋挞上，在上面放上草莓即成。

黄桃派

通关密码

派皮不要做得太薄，以免在脱模的时候碎掉。

原料：

细砂糖……………55克
低筋面粉…………200克
牛奶……………60毫升
黄奶油……………150克
杏仁粉……………50克
鸡蛋…………………1个
黄桃肉……………60克

工具：

刮板1个
搅拌器1个
派皮模具1个
保鲜膜1张
小勺1把
烤箱1台

难易程度： 中
烤　　制： 上火180℃、下火180℃
烤制时间： 25分钟

制作方法：

1. 低筋面粉开窝，加5克细砂糖、牛奶，用刮板搅匀。

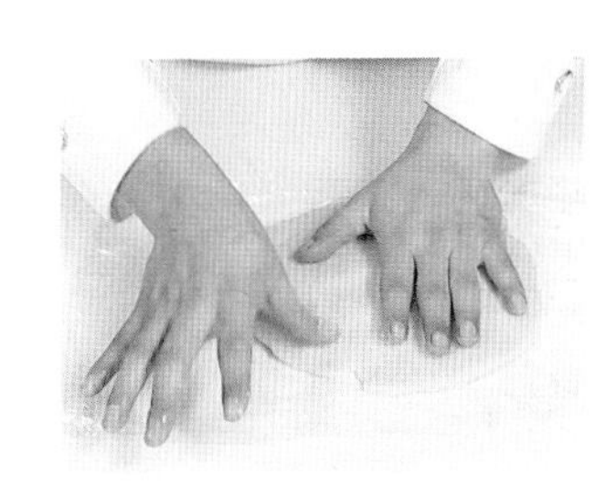

2. 加入100克黄奶油，和成面团，用保鲜膜包好，压平，冷藏30分钟。

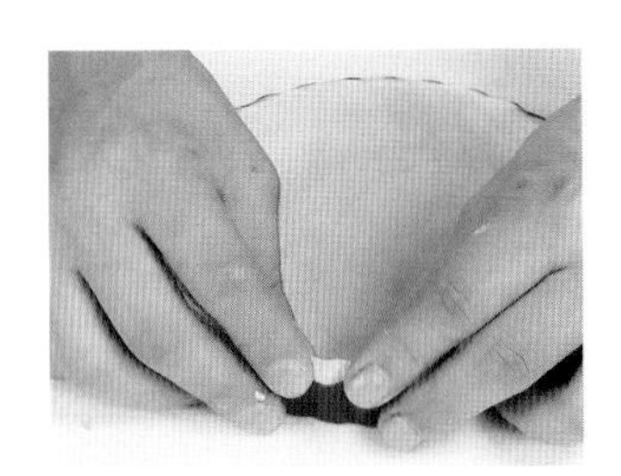

3. 面皮压紧在派皮模具上。

4. 将50克细砂糖、鸡蛋倒入容器中，拌匀，加杏仁粉、50克黄奶油，搅拌至糊状。

5. 倒入模具至五分满，并用小勺抹均匀。

6. 烤箱温度调至上下火180℃，烤约25分钟，至其熟透。

7. 取出烤盘，放置片刻至凉，去除模具，将烤好的派皮装入盘中。

8. 将黄桃肉切成薄片，然后把切片的黄桃摆放在派皮上，即可。

核桃酥

通关密码

烤箱的预热温度不宜太高，以免放入烤盘时烫手。

原料：

低筋面粉…………500 克
猪油………………220 克
白糖………………330 克
鸡蛋…………………1 个
臭粉………………3.5 克
泡打粉………………5 克
食粉…………………2 克
清水……………50 毫升
烤核桃仁…………少许
蛋黄…………………2 个

工具：

筛网 1 个
刷子 1 个
刮板 1 个
烤箱 1 台

难易程度：中
烤　　制：上火 175℃、下火 180℃
烤制时间：15 分钟

扫一扫看视频

制作方法：

1. 将低筋面粉、食粉、泡打粉、臭粉混合过筛，用刮板开窝。

2. 放入白糖、鸡蛋，打散。

3. 注入少许清水，慢慢地刮入低筋面粉搅拌，直至白糖溶化。

4. 再放入备好的猪油，搅拌匀，至其融于面粉中，制成面团。

5. 搓成长条，分成数段，取一段面团，分成数个剂子，揉成酥皮。

6. 逐一按压出一个小圆孔，刷上蛋黄搅拌成的蛋液。

7. 嵌入烤核桃仁，制成生坯。

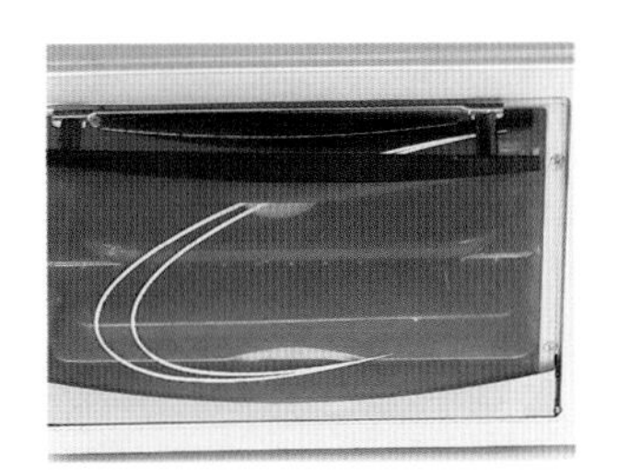
8. 入烤箱，以上火 175℃、下火 180℃烤 15 分钟，取出，待冷却后即可食用。

凤梨酥

难易程度： 难
烤　　制： 上火 170℃
下火 170℃
烤制时间： 15 分钟

原料：

皮：

低筋面粉⋯⋯⋯⋯325 克
杏仁粉⋯⋯⋯⋯⋯260 克
糖粉⋯⋯⋯⋯⋯⋯⋯145 克
鸡蛋⋯⋯⋯⋯⋯⋯⋯⋯1 个
黄奶油⋯⋯⋯⋯⋯260 克

馅：

冬瓜粒⋯⋯⋯⋯⋯⋯50 克
菠萝粒⋯⋯⋯⋯⋯250 克
冰糖⋯⋯⋯⋯⋯⋯⋯⋯25 克
白砂糖⋯⋯⋯⋯⋯⋯25 克
盐⋯⋯⋯⋯⋯⋯⋯⋯⋯1.5 克

工具：

刮板 1 个
电动搅拌器 1 个
三角铁板 1 个
模具 6 个

通关密码

要将冬瓜搅拌至完全成末，否则会影响口感。

制作方法：

1. 将锅置于火上，倒入菠萝粒，拌匀，加冬瓜粒，拌匀。

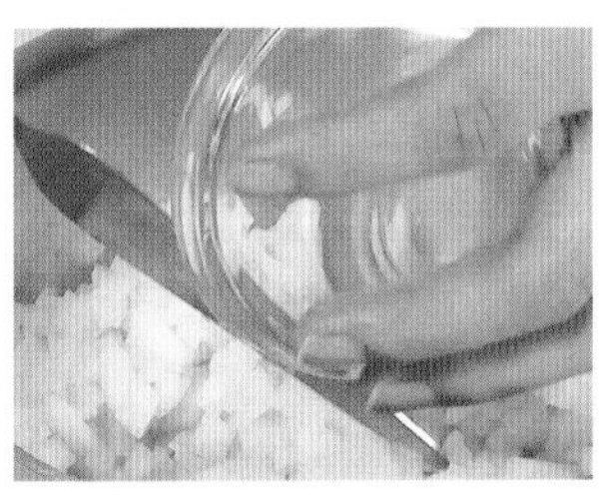

2. 加入冰糖，搅拌均匀，倒入白砂糖，拌匀。

3. 加入盐，搅拌均匀，煮大约 20 分钟，至冬瓜粒、菠萝粒熟软。

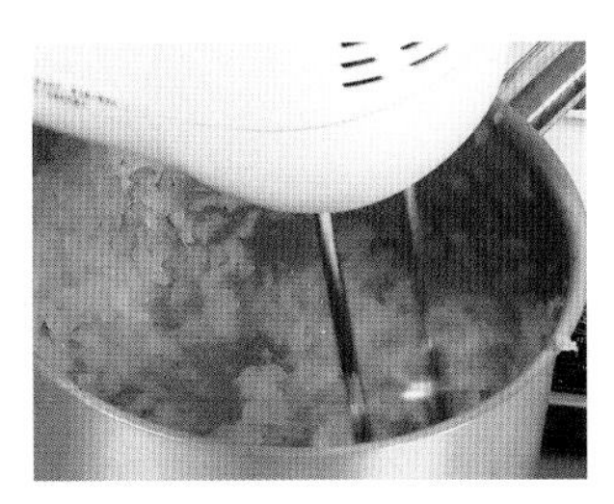

4. 关火后用电动搅拌器将锅中的馅料搅拌均匀，倒入碗中，冷却待用。

5. 在操作台上倒入低筋面粉，用刮板开窝，加杏仁粉，用刮板在其中间开窝。

6. 加入糖粉、鸡蛋，拌匀。

7. 再倒入黄奶油，用刮板将材料混匀，用手和成面团。

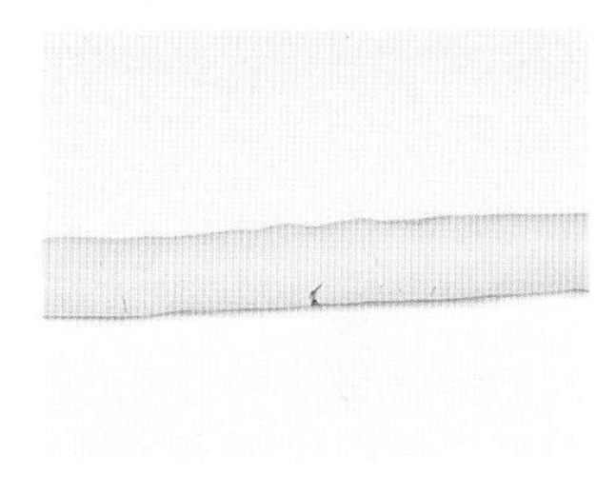

8. 把面团揉搓成长条。

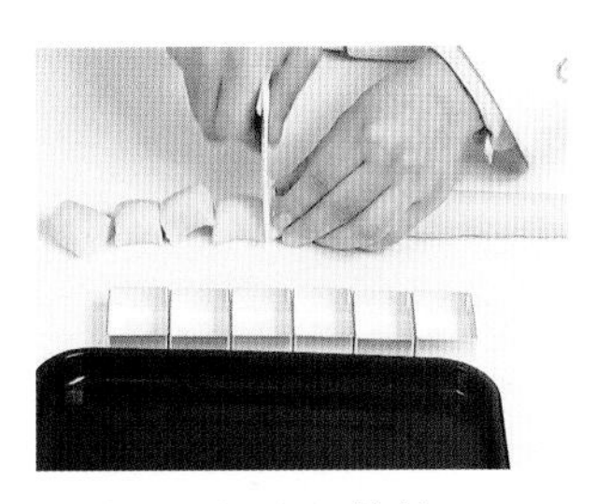

9. 将面团切成六等份。

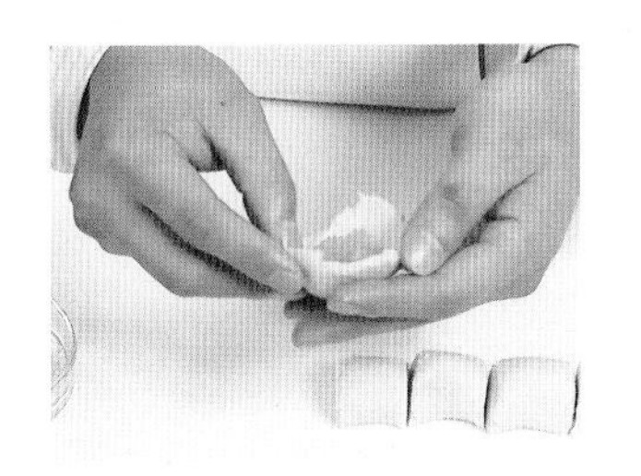

10. 再将面团用手沿着边缘压平，放入适量馅料，包好，制成凤梨酥生坯。

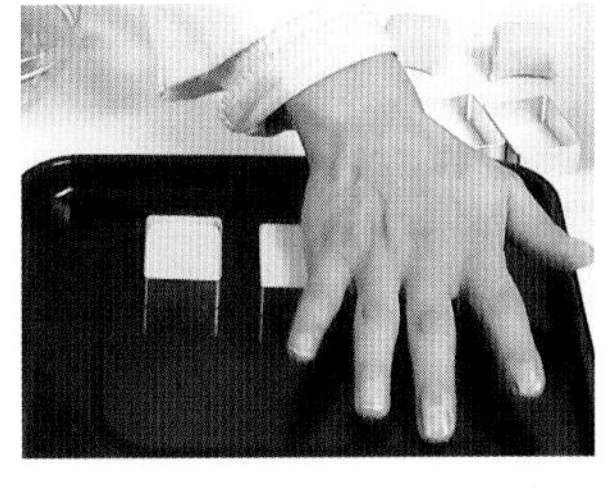

11. 将模具放入烤盘中，放入凤梨酥生坯，用手压平。

12. 烤箱温度调成上下火 170℃，烤 15 分钟至熟。

13. 取出烤盘，用夹子取出模具。

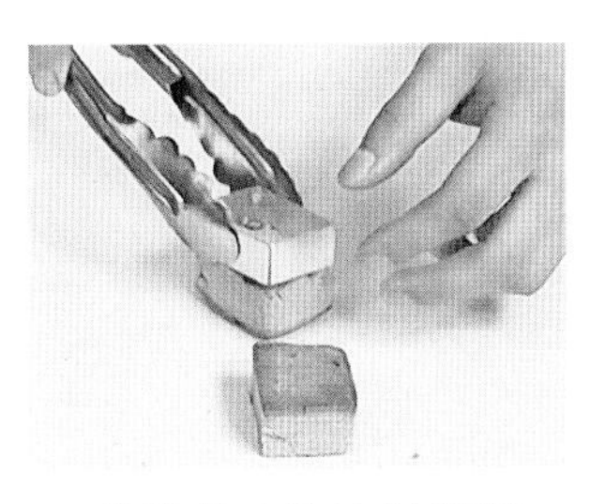

14. 从模具中取出凤梨酥，装入盘中即可。

蓝莓酥

扫一扫看视频

难易程度： 难
烤　　制： 上火 200℃
下火 200℃
烤制时间： 15 分钟

原料：

低筋面粉··········220 克
高筋面粉············30 克
黄奶油···············40 克
细砂糖·················5 克
盐······················1.5 克
清水············· 125 毫升
片状酥油··········180 克
蛋黄液·················适量
蓝莓酱·················适量

工具：

擀面杖、刮板各 1 个
量尺 1 把
小刀 1 把
刷子 1 把

通关密码

制作蓝莓酥生坯时，对角尽量不要捏紧，以免烘烤时膨胀不起来。

制作方法：

1. 低筋面粉、高筋面粉混合，开窝，加细砂糖、盐、清水，揉成面团。

2. 在面团上放上黄奶油，揉搓成光滑的面团，静置 10 分钟。

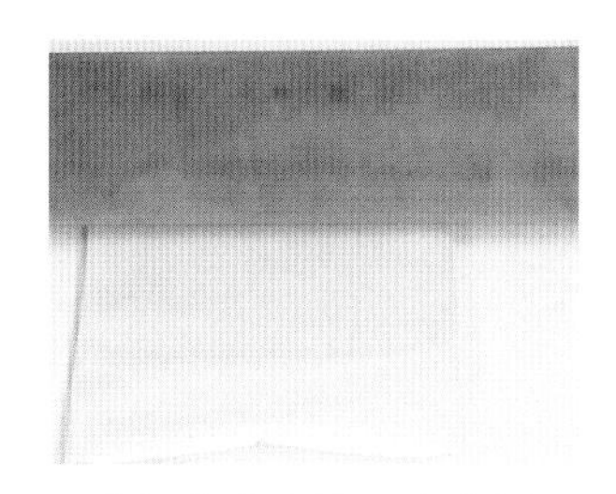

3. 在操作台上铺一张白纸，放入片状酥油，包好，将片状酥油擀平，待用。

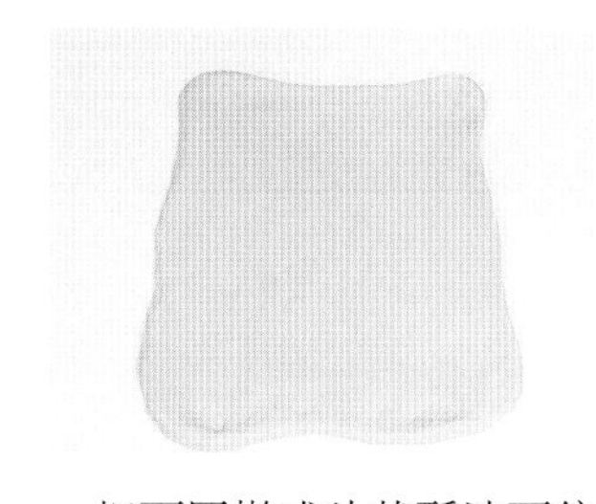

4. 把面团擀成片状酥油两倍大的面皮。

5. 将片状酥油放在面皮的一边，去除白纸，覆盖上另一边的面皮，折叠成长方块。

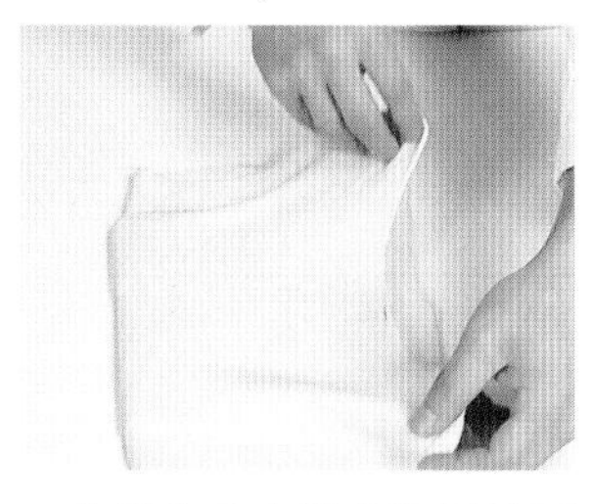

6. 在操作台上撒少许低筋面粉，将包裹着片状酥油的面皮擀薄，对折四次。

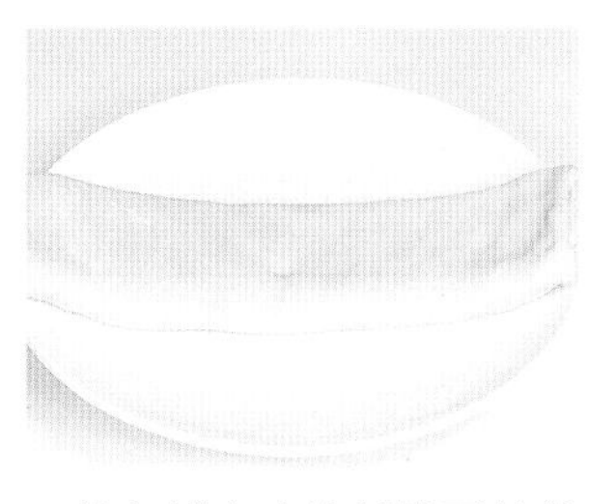

7. 放入铺有少许低筋面粉的盘中，置冰箱冷藏10分钟，将上述步骤重复操作3次。

8. 在操作台上撒少许低筋面粉，放上冷藏过的面皮，用擀面杖将面皮擀薄。

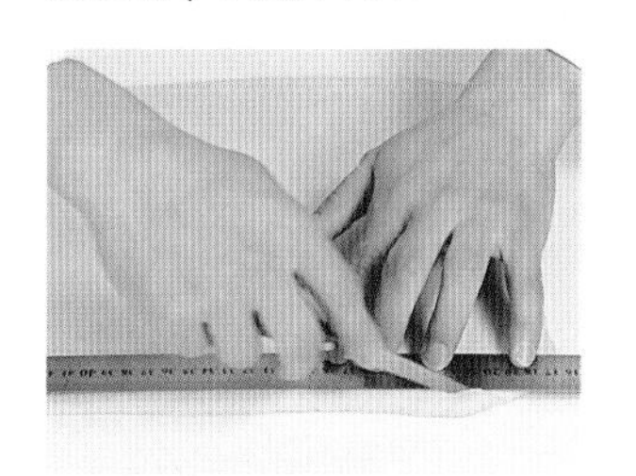

9. 将量尺放在面皮边缘，用刀将面皮边缘切平整。

10. 再切出4小块面皮，长宽分别为10厘米、2.5厘米。

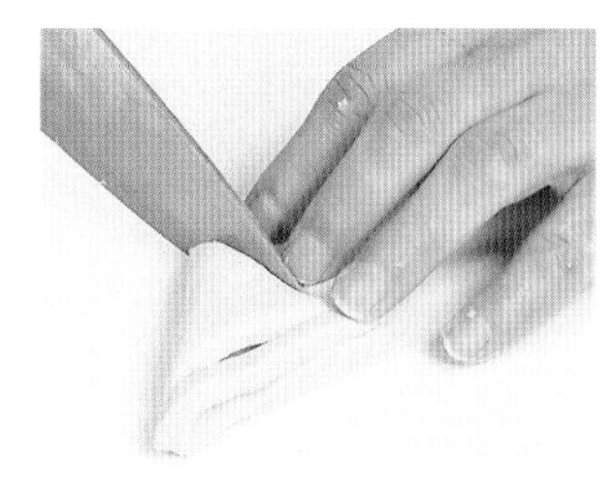

11. 对折面皮，在其中两个角内侧各划一刀。

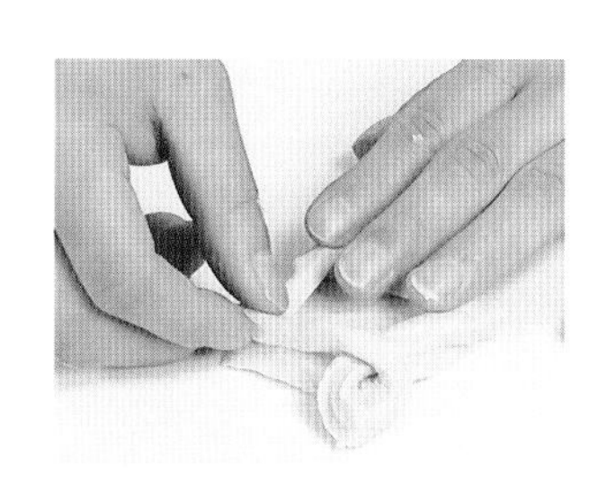

12. 打开之后，再对角折起，呈菱形状。

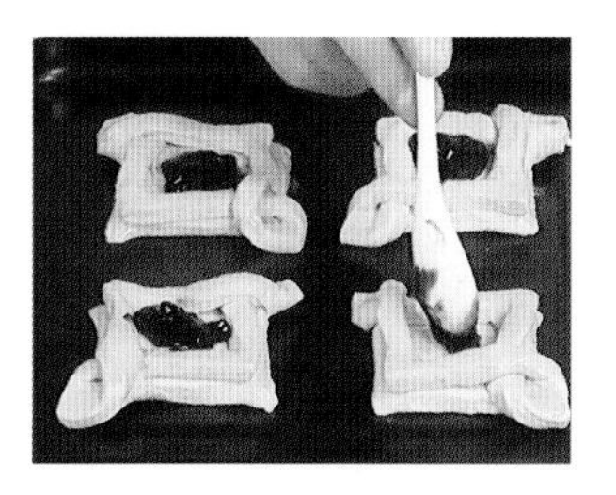

13. 放入烤盘，刷上蛋黄液，在面皮中间倒入蓝莓酱。

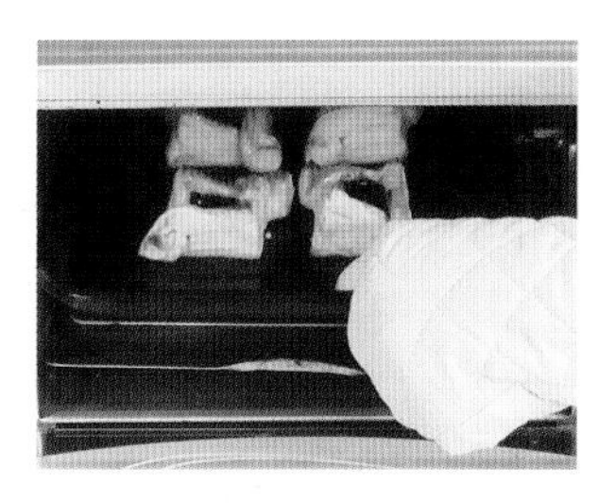

14. 将烤盘放入烤箱中，上下火200℃烤15分钟即可。

风车酥

通关密码

用刀切四角时要掌握好力度，以免切断。

原料：

低筋面粉……220克
高筋面粉……30克
黄奶油……40克
细砂糖……5克
盐……1.5克
清水……125毫升
片状酥油……180克
蛋黄液……适量
草莓酱……适量

工具：

擀面杖、刮板各1个
量尺、小刀、刷子、小勺各1把
烤箱1台

难易程度：难
烤　　制：上火200℃、下火200℃
烤制时间：20分钟

扫一扫看视频

制作方法：

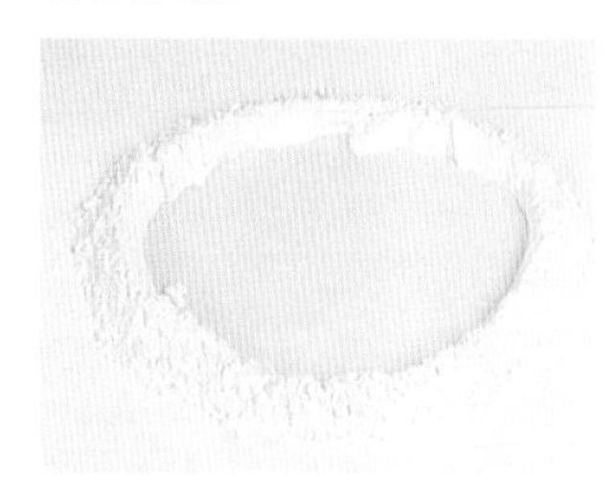
1. 低筋面粉、高筋面粉开窝，倒入细砂糖、盐、清水拌匀。

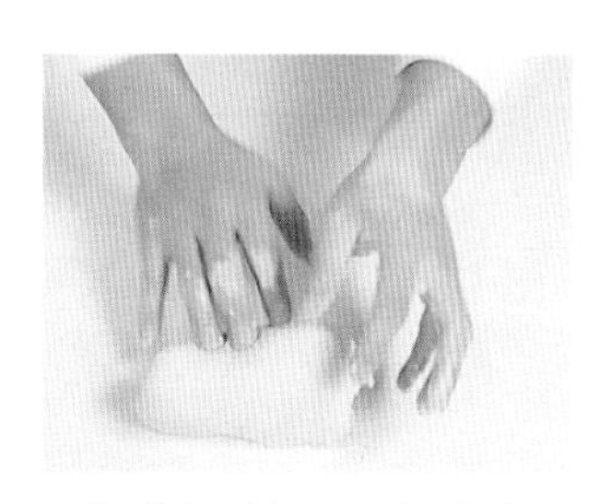
2. 加黄奶油揉匀，揉成光滑的面团，静置10分钟。

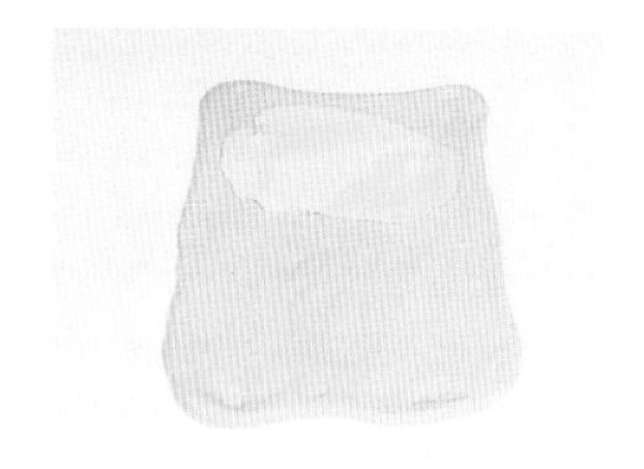
3. 片状酥油擀平，面团擀平后一端放片状酥油。

4. 盖上面皮，擀薄，对折4次，冷藏10分钟，重复上述操作3次。

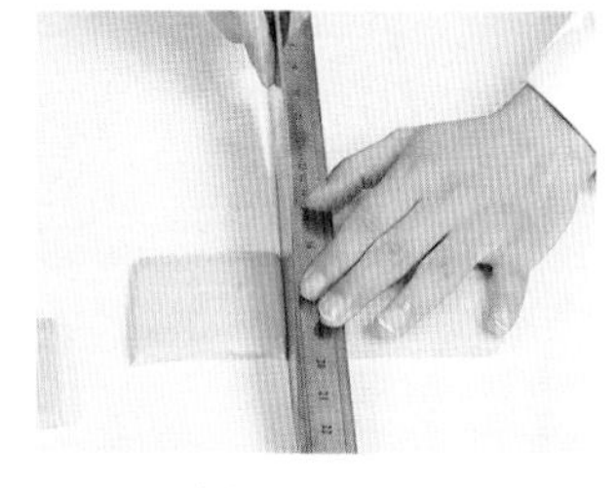
5. 把面皮擀薄，切开，切成正方形。

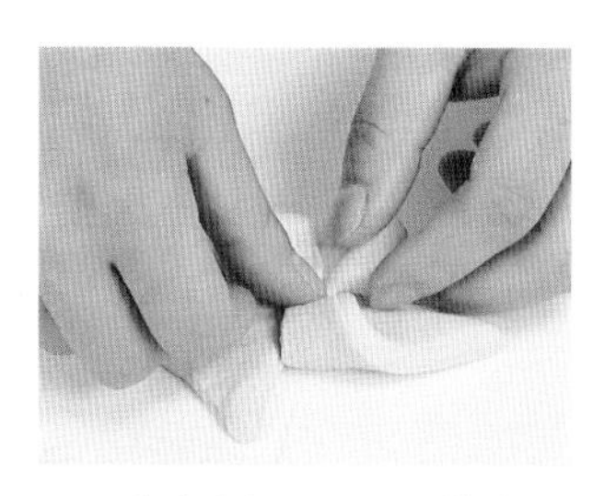
6. 四角各划一刀，取其中一边呈顺时针方向，往中间按压，呈风车形状。

7. 刷上蛋黄液，在中间放上草莓酱。

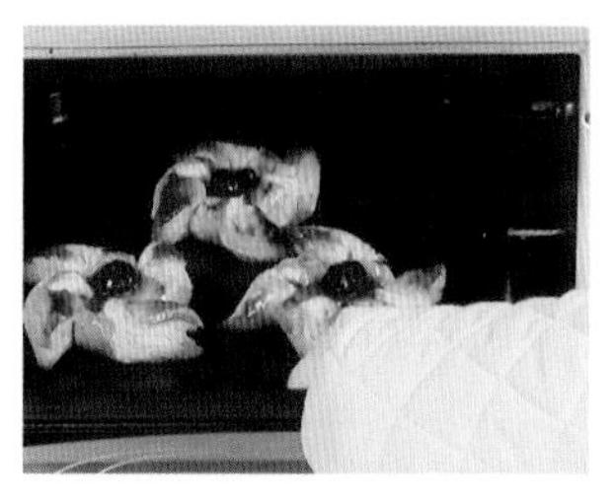
8. 放入烤箱，以上下火200℃烤20分钟，取出，装入盘中即可。

蛋黄酥

难易程度：难

烤　　制：上火 190℃

下火 200℃

烤制时间：20 分钟

原料：

水……………… 100 毫升

低筋面粉…………450 克

猪油………………120 克

糖粉…………………75 克

莲蓉………………200 克

切好的咸蛋 ………45 克

蛋黄液……………… 少许

芝麻………………… 少许

工具：

擀面杖 1 个

刮板 1 个

刷子 1 个

保鲜膜 2 张

烤箱 1 台

通关密码

咸蛋不宜切得太大，以免影响生坯的美观。

制作方法：

1. 将 250 克低筋面粉倒入碗中，加糖粉、水，和匀。

2. 放入 40 克猪油，搅拌一会儿，至面团纯滑。

3. 再包上一层保鲜膜，静置约30分钟，即成水皮面团。

4. 取一个碗，倒入200克低筋面粉，加入80克猪油。

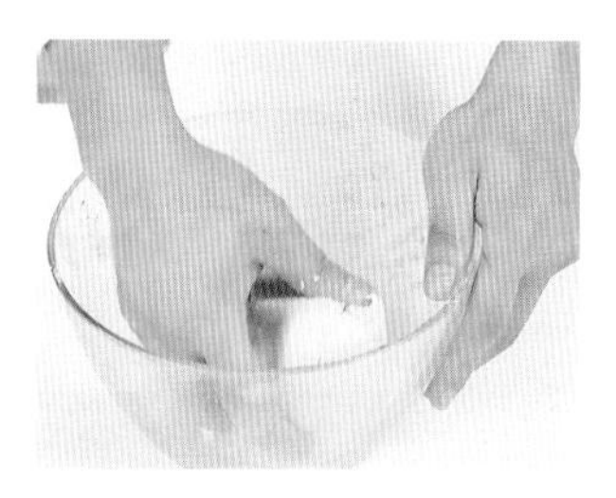

5. 匀速搅拌至猪油融化、面团纯滑。

6. 保鲜膜包好，静置30分钟，即成油皮面团。

7. 取出饧发好的水皮面团擀薄，待用。

8. 取油皮面团，擀成水皮的二分之一大小，放在水皮面团上。

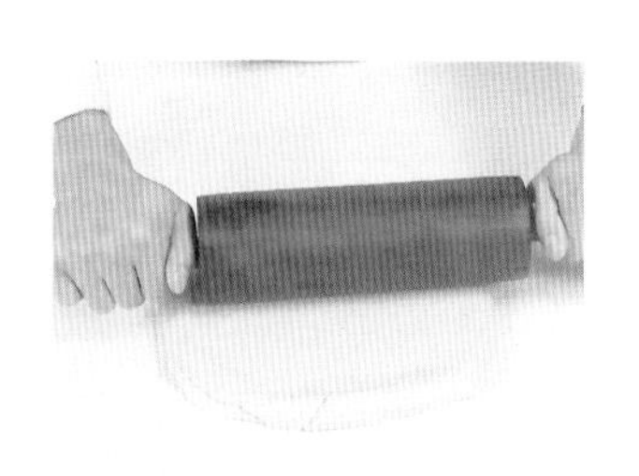

9. 包好、对折，用擀面杖多擀几次。

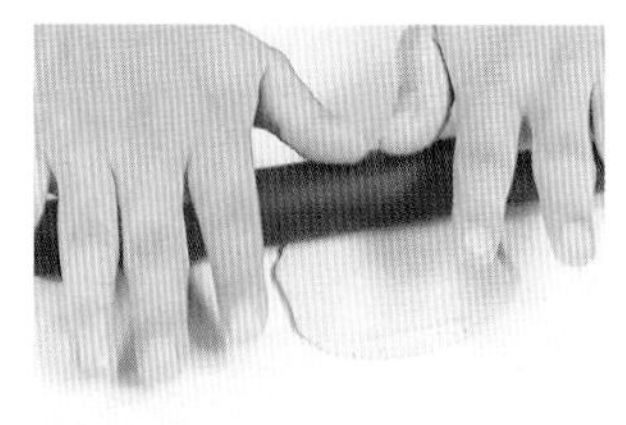

10. 切成两半，取其中一半擀平，卷成紧密的圆筒状，切成小剂子，制成圆饼坯。

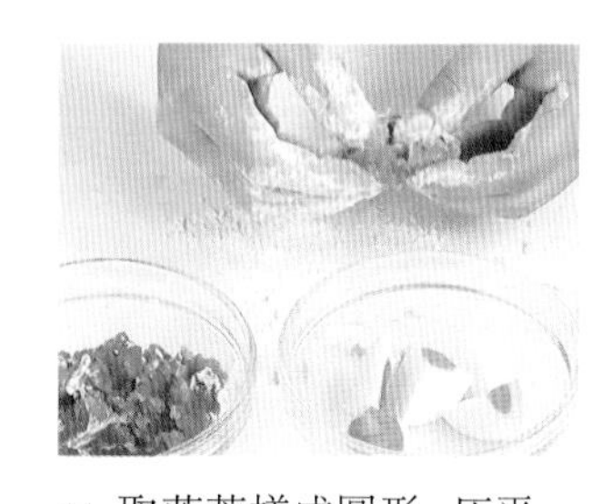

11. 取莲蓉搓成圆形，压平，放入咸蛋，包好，搓圆，制成馅。

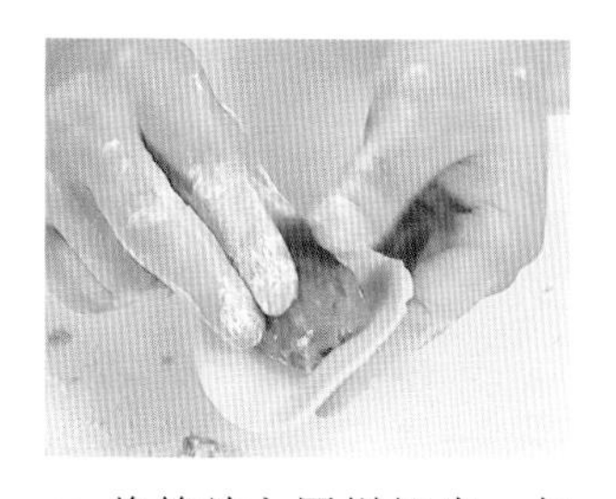

12. 将馅放入圆饼坯中，包好、收口，搓圆，制成酥坯。

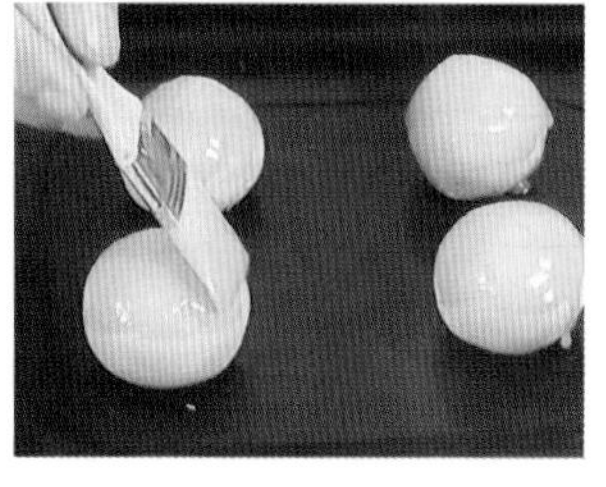

13. 酥坯刷上一层蛋黄液，撒上芝麻。

14. 烤箱调至上火190℃、下火200℃，烤20分钟，即成。

拿破仑千层酥

扫一扫看视频

难易程度： 难

烤　　制： 上火 200℃

下火 200℃

烤制时间： 20 分钟

原料：

低筋面粉…………220 克
高筋面粉……………30 克
黄奶油………………40 克
细砂糖…………………5 克
盐……………………1.5 克
清水…………… 125 毫升
片状酥油…………180 克
蛋黄液……………… 适量
提子、草莓、蓝莓、糖粉、
白芝麻……………各适量
打发的鲜奶油……… 适量

工具：

裱花袋 1 个
花嘴 1 个
擀面杖 1 个
量尺 1 把
小刀 1 把
刷子 1 把

制作方法：

1. 将低筋面粉、高筋面粉混合，开窝，加细砂糖、盐、清水，拌匀，揉成面团。

2. 在面团上放上黄奶油，揉搓成光滑的面团，静置 10 分钟。

通关密码

可根据个人喜好将草莓和提子换成其他水果。

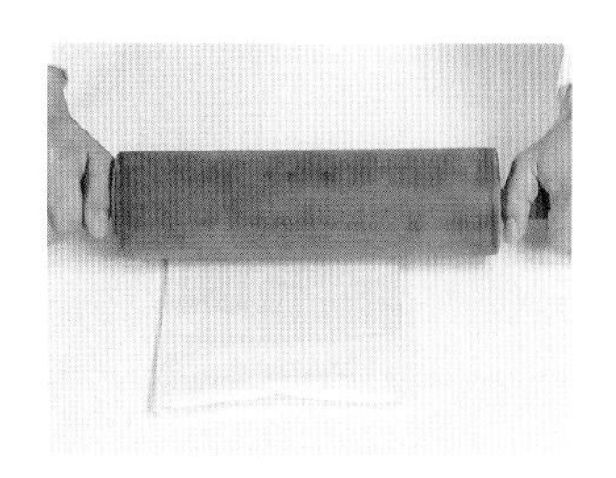

3. 在操作台上铺一张白纸，放入片状酥油，包好，将片状酥油擀平，待用。

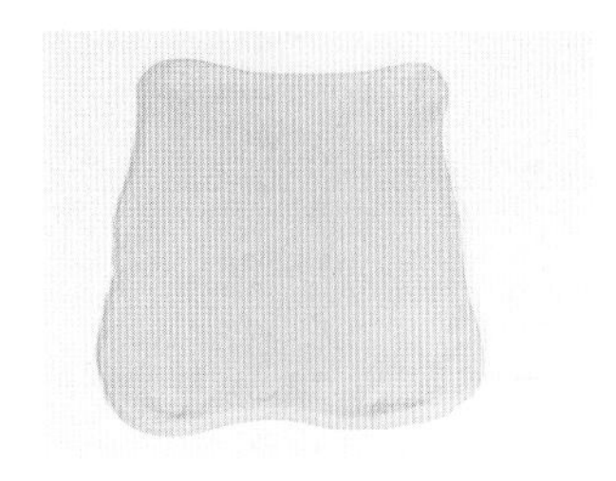

4. 把面团擀成片状酥油两倍大的面皮。

5. 将片状酥油放在面皮的一边，去除白纸，覆盖上另一边的面皮，折叠成长方块。

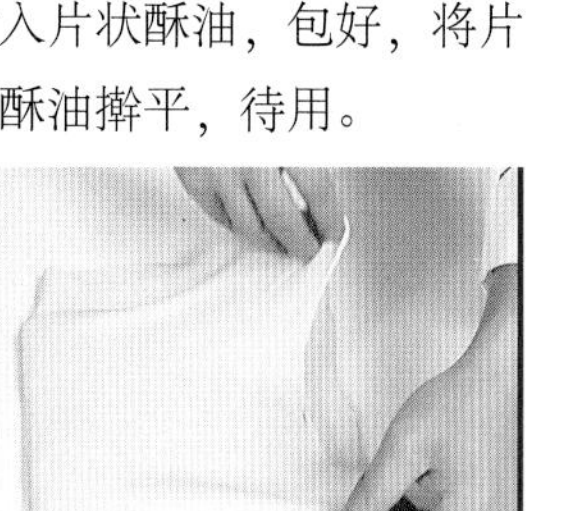

6. 在操作台上撒少许低筋面粉，将包裹着片状酥油的面皮擀薄，对折四次。

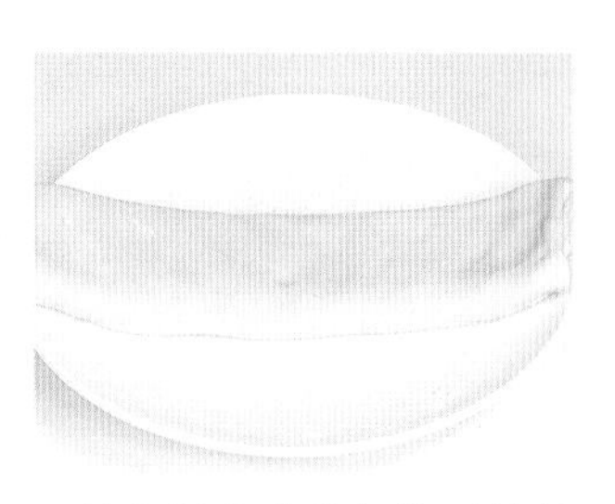

7. 放入铺有少许低筋面粉的盘中，冷藏 10 分钟，将上述步骤重复操作 3 次。

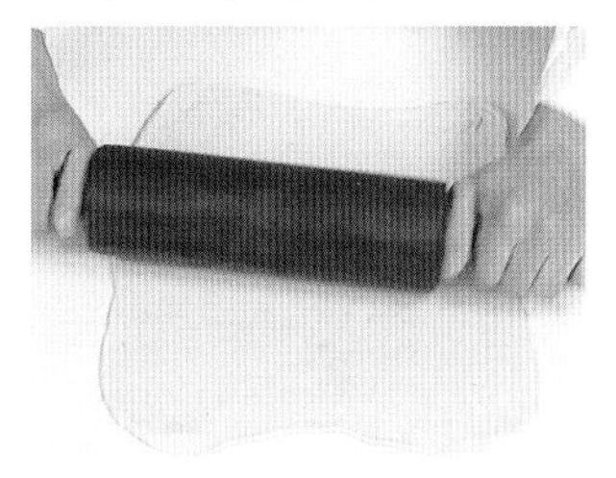

8. 在操作台上撒少许低筋面粉，放上冷藏过的面皮，用擀面杖将面皮擀薄。

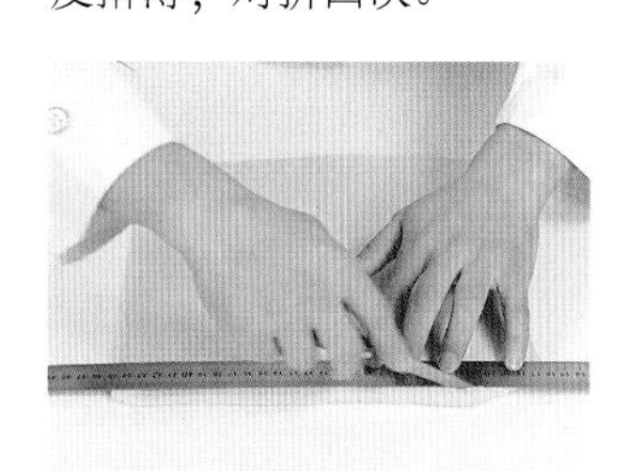

9. 将量尺放在面皮边缘，用刀将面皮边缘切平整。

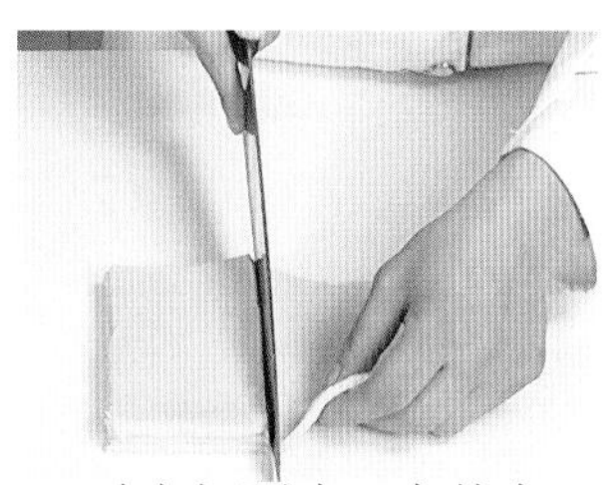

10. 对半切面皮，在其中一块中切出一小块，以它为基准，再切两块相同的面皮。

11. 将三块面皮放入烤盘，刷上适量蛋黄液，撒入适量白芝麻。

12. 放入烤箱中，以上下火 200℃烤 20 分钟，取出。

13. 将一块酥皮放入盘中，在酥皮上挤鲜奶油，在鲜奶油上放提子、草莓。

14. 挤鲜奶油，放酥皮，将剩余的酥皮和水果放好，撒糖粉即可。

图书在版编目（CIP）数据

从零开始学烘焙 / 樊小凡主编. -- 乌鲁木齐 ：新疆人民卫生出版社，2016.6
ISBN 978-7-5372-6577-5

Ⅰ. ①从… Ⅱ. ①樊… Ⅲ. ①烘焙—糕点加工 Ⅳ. ①TS213.2

中国版本图书馆CIP数据核字（2016）第119121号

从零开始学烘焙

CONGLING KAISHI XUE HONGBEI

出版发行 新疆人民出版總社 新疆人民卫生出版社
责任编辑 张鸥
策划编辑 深圳市金版文化发展股份有限公司
摄影摄像 深圳市金版文化发展股份有限公司
封面设计 深圳市金版文化发展股份有限公司
地　　址 新疆乌鲁木齐市龙泉街196号
电　　话 0991-2824446
邮　　编 830004
网　　址 http://www.xjpsp.com

印　　刷 深圳市雅佳图印刷有限公司
经　　销 全国新华书店
开　　本 173毫米×243毫米　16开
印　　张 12
字　　数 250千字
版　　次 2016年10月第1版
印　　次 2016年10月第1次印刷
定　　价 35.00元